교실 밖에서 **발견**하는 수학의 원리

디스커버리 수학 1

초등 **3학년** 이상

학교에서는 경험할 수 없었던 **흥미만점 수학 도전과제**

미션 **1** 동물원을 구하라

미션 **2** 나는야 과학수사대

들어가는 말

- 생활 주변에서 일어나는 현상을 수학적으로 관찰하고 조직하는 경험을 통하여 수학의 기초적인 개념, 원리, 법칙을 이해하는 능력을 기른다.
- 수학적으로 사고하고 의사소통하는 능력을 길러 생활 주변에서 일어나는 문제를 합리적으로 해결하는 능력을 기른다.
- 수학에 대한 관심과 흥미를 가지고, 수학의 가치를 이해하며 수학에 대한 긍정적 태도를 기른다.

위의 세 가지는 바로 2009년부터 시행되는 개정 교육과정에 제시된 초등학교 수학교육의 목표입니다. 이 목표가 제대로 이루어진다면 초등학교를 마친 학생들은 수학을 친근하게 느끼고, 수학적인 사고력으로 주변에서 부딪히는 문제들을 해결해 나갈 수 있을 것입니다.
그런데 우리 어린이들은 '수학'이라는 말만 들어도 고개를 절레절레 흔듭니다. 그냥 어려운 것이 아니라 왜 배우는지를 모릅니다. 어찌 생각하면 어른들이 어린이들을 골탕 먹이려고 만든 것이 아닐까 의심하기도 합니다.

왜 이렇게 되었을까요?

바로 우리 어른들이 아이들에게 강요한 수학 공부의 방식에 그 답이 있습니다. 우리 아이들은 초등학교 때부터 매일매일 풀어야 하는 학습지와 계산력을 높이는 반복학습형 학습지에 치여 삽니다. 왜 수학이 필요한지, 수학이 어떻게 우리 생활에 도움이 되는지, 수학을 통해서 길러지는 사고력이 얼마나 중요한지는 느껴볼 겨를이 없습니다. 오히려 반복되는 계산과 단순 문제 풀이가 아이들로 하여금 점점 수학을 외면하고 피하게 만듭니다.

영국 초등학생들이 배우는 'Using Maths - Exciting Real Life Maths Activities (수학 활용하기 – 흥미진진한 실생활 수학 활동)'는 아울북 초등교육연구소가 우리 아이들에게 수학의 재미를 찾아주고, 수학적 사고력과 실생활 활용 능력을 키워 주기 위해 소개하는 첫 번째 외국 수학책입니다.

영국 Ticktock사에서 총 12권으로 발간한 〈Using Maths〉 시리즈는 아이들이 흥미 있어 하는 12개의 분야를 뽑아, 그 분야의 생활을 통해 수학적 사고를 기르고 문제를 해결하는 경험을 하도록 구성되어 있습니다.

예를 들어 아이들이 즐겨 찾는 '동물원을 구하라'편 (제 1권 미션1) 을 보면, 동물원에서 벌어지는 여러 가지 활동들을 보여줍니다. 어떤 동물을 동물원에 데려와서, 돌보고, 치료하고, 새끼를 낳아 키우는 과정을 보여줌으로써 현실성과 흥미를 느끼게 합니다. 그리고 그 과정에서 부딪히는 문제들을 수학적으로 사고하고 해결할 수 있도록 자료와 문제를 제시합니다. 아이들은 흥미 있는 소재를 따라가며 재미있고 자연스럽게 수학적 사고와 문제 해결 방법을 익히게 됩니다. 또한 점보제트기 조종, 에베레스트 등반 등 모두 12가지 주제에서 과학, 지리 등 여러 가지 분야와 관련된 문제들을 해결하면서 통합적인 사고력을 키우게 됩니다. 여러 가지 직업에 대한 정보도 얻고, 미래의 그가 되어 간접 경험을 하는 것은 이 책이 선물하는 덤입니다.

〈디스커버리 수학 시리즈〉는 수학의 기본 개념을 이해하고 있는 학생들이 읽으면 좋습니다. 이런 학생들은 이 책의 활동을 따라가며 제시되는 자료들을 분류하고 활용하면서 수학적 창의성과 통합적 사고력을 키우게 될 것입니다.

또한 〈디스커버리 수학 시리즈〉는 수학의 가치를 이해하지 못하는 아이들에게도, 학교에서 배우는 수학이 사실 아주 재미있는 과목이며, 우리 생활과 밀접하게 연관되어 있다는 것을 느끼게 해줌으로써 학습 동기와 의욕을 북돋아줄 것입니다.

〈디스커버리 수학 시리즈〉는 모두 6권으로 구성되어 있습니다.

	제 1권	제 2권	제 3권	제 4권	제 5권	제 6권
미션 1	동물원을 구하라	자동차 경주에서 우승하기	스턴트맨이 되어 보자	산에서 살아남기	화성 탐사	초고층 건물 세우기
미션 2	나는야 과학수사대	날아라! 점보제트	도전! 익스트림 스포츠	에베레스트 등반	체험! 종합병원 응급실	롤러코스터 설계

아울북 초등교육연구소

이렇게 활용해요

수학은 우리가 살아가는 데 중요한 역할을 합니다. 게임을 하거나, 자전거를 탈 때, 쇼핑할 때도, 사실 하루 종일 수학이 사용되지 않는 곳이 없어요. 일을 할 때에도 누구나 수학을 사용할 필요가 있답니다. 여러분이 잘 느끼지 못할 수 있지만, 동물원에서 동물을 치료하고, 동물을 위한 보금자리를 만들어 줄 때도 수학을 이용한답니다. 이 책을 통해 여러분은 수의사나 동물 관리인이 되어 실제 동물원에서 일어나는 사실을 가지고 흥미로운 수학적 활동을 할 거예요. 수학적 사고력을 키우고 또 한편으로는 동물에 대한 관심도 부쩍 늘 것입니다.

다음을 보면 이 흥미로운 책을 효과적으로 활용하는 데 도움이 될 거예요.

동물원 수의사의 활동에 관한
읽을거리

동물원 일지

동물원 일지를 통해 동물을 살피고, 치료하는 일들에 대해 알아봅니다. 동물원 일지는 동물을 보살피면서 생기는 문제들을 수학적 내용을 이용하여 해결하기 위한 질문이에요. 몇몇 질문의 답을 찾기 위해, **DATA BOX**에서 자료를 수집하는 것이 필요하며, 때로는 도표나 도형 또는 문장으로부터 자료와 사실을 찾아야 합니다.

준비가 되었나요? 그렇다면 흥미로운 동물원에서의 일들과 수학을 경험해 볼까요?

STAGE 6 기생충 약 먹이기

동물원에 있는 모든 동물들은 1년에 두 번 기생충 검사를 합니다. 배설 샘플 검사에서 기생충 알이 없다는 결과가 나오더라도, 여전히 동물의 몸속에 기생충이 있을 가능성이 있기 때문이에요. 어떤 동물은 배설물 수집이 안 되었을 수도 있습니다. 그래서 관리인은 동물들의 배가 고플 때, 먹이에 가루로 된 기생충 약을 섞어서 먹입니다. 이때, 동물의 무게에 따라 기생충 약의 양을 조절해야 해요. 작은 동물이 많은 양의 기생충 약을 먹으면 오히려 독이 될 수 있기 때문이죠.

동물원 일지

영장류*는 체중 1kg당 50mg의 기생충 약을 먹여야 합니다.
약은 각 동물에게 정확한 양을 주어야 하므로
수의사는 동물의 체중을 정확히 알고 있어야 합니다.
DATA BOX를 보고, 다음을 비교해 보세요.

(1) 영장류 중 가장 무거운 것은 무엇인가요?

(2) 영장류 중 가장 가벼운 것은 무엇인가요?

(3) 수컷 긴꼬리원숭이보다 무겁지만 암컷 콜로부스원숭이보다 가벼운 영장류는 무엇인가요?

(4) 어느 영장류 한 마리와 나무상자의 무게의 합이 3kg이고, 나무상자만의 무게가 2.6kg이라면, 상자 안에 있는 영장류는 무엇인가요?

*영장류 : 원숭이, 유인원 등이 포함된 동물군으로 인간도 영장류에 속합니다. 36쪽에 도움말이 있습니다.

음식에 넣어 줘요

약을 잘 먹지 않는 동물에게는 음식 안에 약을 섞어 주기도 합니다. 콜로부스원숭이, 거미원숭이, 다이아나원숭이, 알렌원숭이는 으깬 바나나 샌드위치 속에 기생충 약을 넣어 줍니다. 그리고 고릴라와 오랑우탄은 당도가 낮은 검은 까치밥나무 음료에 기생충 약을 넣어 줍니다.

몸무게 재기

고릴라의 몸무게는 어떻게 잴까요? 고릴라의 우리 바닥에는 저울이 설치된 특별한 발판이 있습니다. 발판 위에 먹이를 두고, 저울의 눈금이 0이 되도록 합니다. 그리고 고릴라가 우리에 들어가서 발판 위에 앉아 음식을 먹을 때, 체중을 잽니다.

동물원 수의사가 긴꼬리원숭이를 검사하고 있습니다.

22

주제와 관련된 재미있는 이야기

DATA BOX

이 박스에는 여러분의
수학적 활동을 도와주는
중요한 자료들이 있어요.
이 자료를 충분히
활용해 보세요.

도전 문제

자신 있다면
이 문제에 도전해 보세요.

마무리 도전 문제

11개의 이야기를 통해 동물을 살피
고 치료하는 일을 무사히 마쳤다면,
[마무리 도전 문제]를 통해 실력을
한 단계 업그레이드 시켜 보세요.

성공을 위한 팁

도전 중 도움이 필요하다면, [성공을
위한 팁]에 여러분을 도와줄 설명이
있답니다.

이해를 돕는 개념 설명

만일 [성공을 위한 팁]의 내용을 좀더
깊게 알고 싶다면, [이해를 돕는 개념
설명]을 참고해 보세요.

정답 및 해설

72-79쪽에서 정답을 확인해 보세요.
정답을 보기 전에 가능한 모든 방법을
찾아보고, 깊게 생각해 보기 바랍니다.

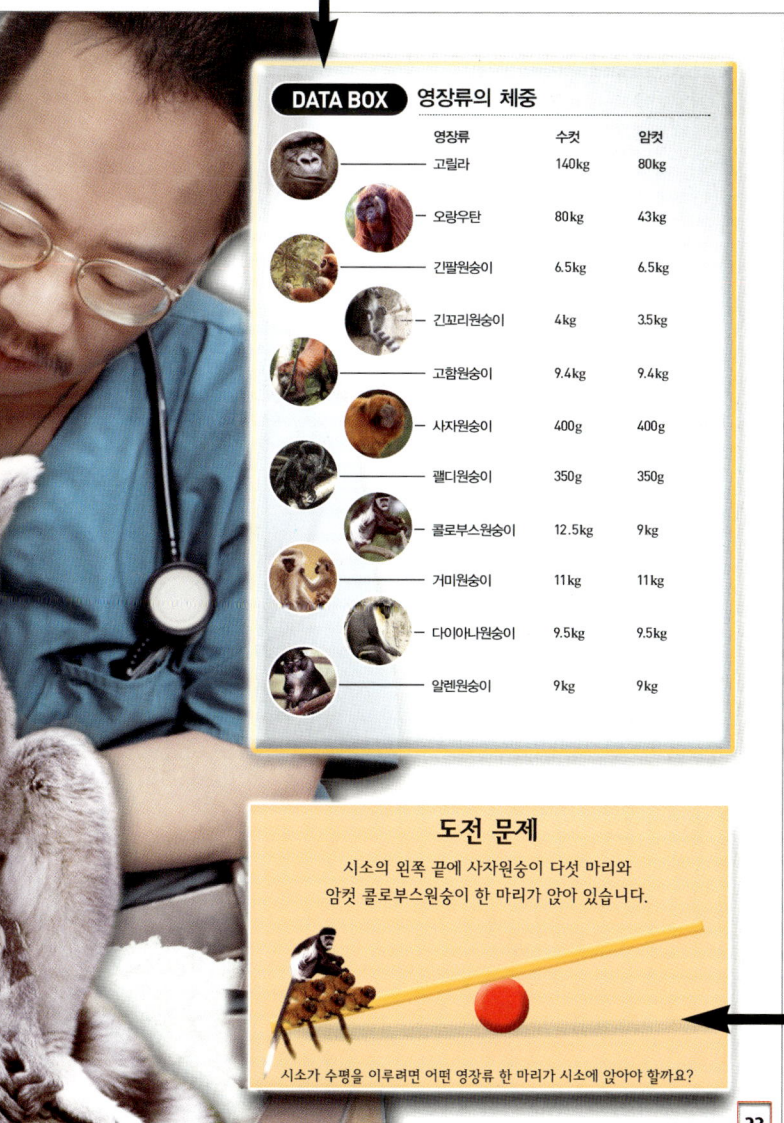

DATA BOX 영장류의 체중

영장류	수컷	암컷
고릴라	140kg	80kg
오랑우탄	80kg	43kg
긴팔원숭이	6.5kg	6.5kg
긴꼬리원숭이	4kg	3.5kg
고함원숭이	9.4kg	9.4kg
사자원숭이	400g	400g
괭디원숭이	350g	350g
콜로부스원숭이	12.5kg	9kg
거미원숭이	11kg	11kg
다이아나원숭이	9.5kg	9.5kg
알렌원숭이	9kg	9kg

도전 문제

시소의 왼쪽 끝에 사자원숭이 다섯 마리와
암컷 콜로부스원숭이 한 마리가 앉아 있습니다.

시소가 수평을 이루려면 어떤 영장류 한 마리가 시소에 앉아야 할까요?

목차

미션1 동물원을 구하라

미션2 나는야 과학수사대

미션 1 동물원을 구하라

STAGE 4 트위즐의 새로운 보금자리

STAGE 1 야생동물 구조

STAGE 3 이사 가는 트위즐

STAGE 2 기린 안정시키기

이런 내용들을 공부해요

수
- 소수 : 14쪽
- 어림하기(수직선을 이용) : 33쪽
- 분수 : 14, 32쪽
- 수 배열 : 20쪽
- 수의 순서 : 33쪽
- 백분율 : 18쪽

생활 속 문제 해결
- 측정 : 12, 14, 15, 24, 32쪽
- 돈 : 30, 31쪽
- 시간 : 16, 17, 32쪽

자료 다루기
- 막대그래프 : 28쪽
- 표, 그래프, 다이어그램 : 14, 18, 20, 22, 24, 28, 30, 33쪽

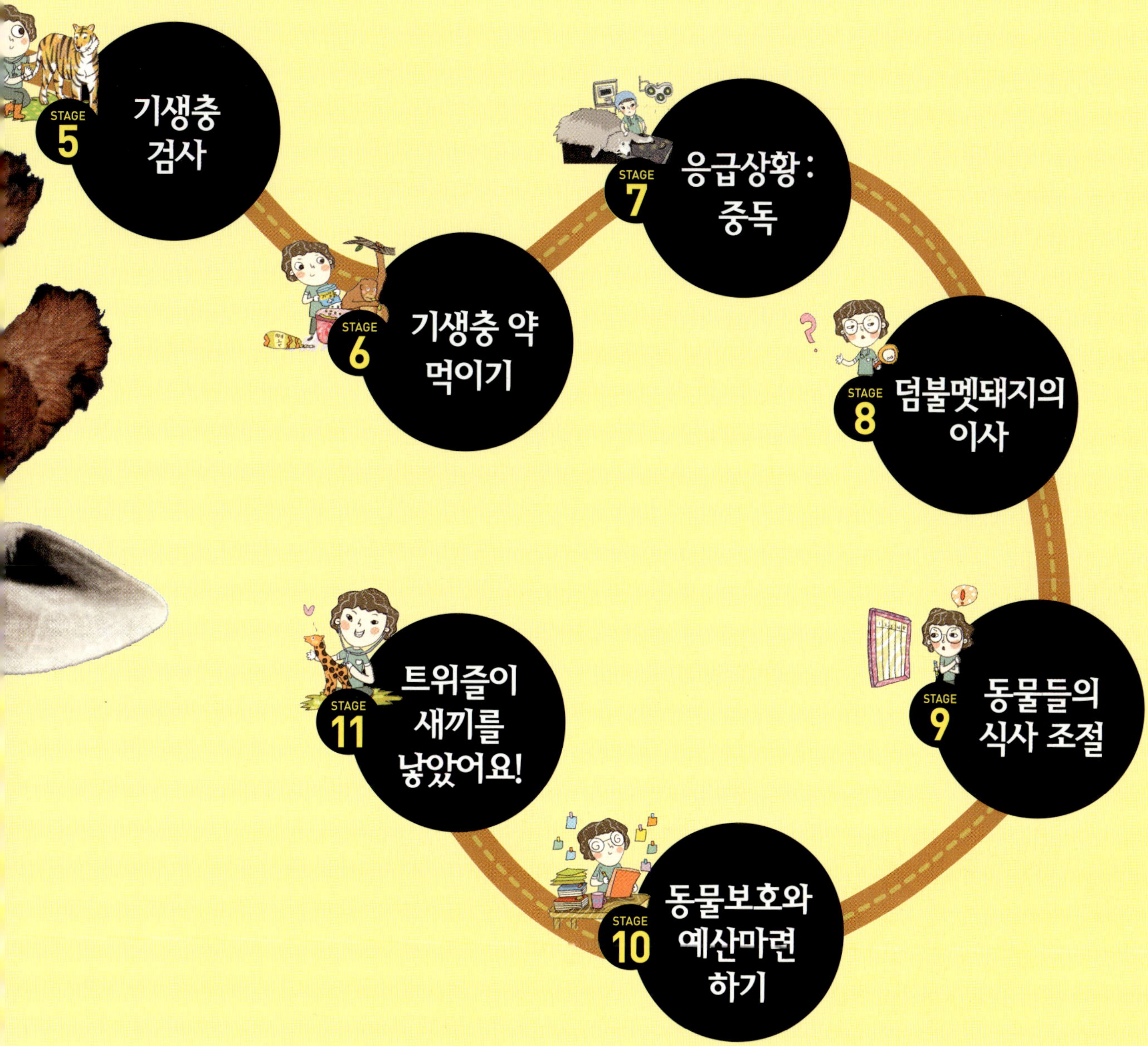
STAGE 5 기생충 검사
STAGE 6 기생충 약 먹이기
STAGE 7 응급상황 : 중독
STAGE 8 덤불멧돼지의 이사
STAGE 9 동물들의 식사 조절
STAGE 10 동물보호와 예산마련 하기
STAGE 11 트위즐이 새끼를 낳았어요!

측정

도형과 공간

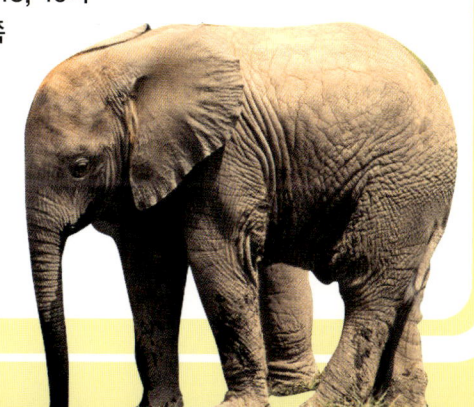

여러분은 어떤 동물을 좋아하나요?

지금 우리는 눈 앞에 있는 탁 트인 평원을 지나갈 거예요.

차를 타고 가다 보면, 타조가 나타나 그 큰 몸을 흔들며 텀벙텀벙 뛰어가고, 영양이나 기린이 걸어가다가 우리를 빤히 쳐다볼 지도 몰라요. 어쩌면 동물은 우리를 보고 '이렇게 신기하게 생긴 동물은 처음 봤군.' 이라고 생각하는 지도 모르죠.

이렇게 드넓은 평원은 세계에서 가장 큰 동물원인 아프리카 에토샤 국립공원이에요. 넓은 초원과 물웅덩이, 커다란 나무, 모두 자연 그대로라서 가끔 보이는 울타리만 없다면 동물원에 왔다는 것이 믿어지지 않을 정도랍니다.

그럼 동물원은 왜 만들었을까요?

동물원은 동물을 좋아하는 친구와 동물들을 만날 수 있도록 해 주기도 하지만, 그보다 더 중요한 것은 사라져 가는 동물들을 보호하는 거예요.

히말라야 타알이라고 들어 봤나요? 얼굴은 염소처럼 뿔이 나 있지만, 염소와는 달리 수염이 없고 몸에는 긴 털이 사자 갈기처럼 멋있게 나 있는 동물이랍니다. 이 동물은 멋있지만 번식이 어려웠어요.

그런데 1984년에 수컷 2마리, 암컷 4마리 이렇게 모두 6마리가 외국의 동물원에서 서울대공원에 들어왔어요. 사육사들은 매일 사료와 건초에 싱싱한 봄풀을 베어 주고, 수의사들은 건강을 돌봐 주었어요.

임신징후가 보이는 히말라야 타알은 무리

에서 따로 떼어서 특별히 건강 관리에도 신경을 써 주었어요. 히말라야 타알을 정성껏 보살펴 준 서울대공원의 사육사와 수의사들 덕분에 2007년에는 수컷 19마리, 암컷 14마리로 모두 33마리가 되었답니다. 그래서 두바이의 동물원에 보내주기도 했어요.

동물원에는 이렇게 동물들의 먹이와 생활을 보살펴 주는 사육사와 아픈 동물들을 보살펴 주는 수의사가 함께 일하고 있어요.

아프리카 동물원에서는 밀렵꾼들이 많아서 그들을 감시하는 경찰도 있다고 해요.

한 곳에 모여 사는 동물들에게 가장 중요한 것은 바로 건강이에요. 우리도 아프지 않기 위해서 예방 주사를 맞고, 아프면 병원에 가듯이 동물들에게도 의사가 필요해요.

동물들은 '아파요.' 라고 말을 할 수 없기 때문에 수의사는 자주 동물의 상태를 살펴봐야 해요. 먹는 음식량이 줄었다던가, 똥의 색깔이 이상하다던가 하는 아주 작은 변화까지도 놓치면 안 되죠. 동물을 사랑하는 마음? 그건 기본 중의 기본이랍니다.

이쯤 되면 마음의 준비가 되었겠죠? 그럼 첫 번째 동물을 만나러 가 볼까요?

꿈벅꿈벅하는 큰 눈과 느긋한 몸놀림이 우아한 친구랍니다.

히말라야 타알

동물원의 수의사들은 세계 각지에서 온 야생동물들을 진료합니다. 동물원에서는 종종 갑작스런 일이 일어나기도 합니다. 방금 수백 km 떨어진 다른 동물원에서 급한 전화가 왔어요. 홍수로 동물원이 물에 잠기게 되어서 트위즐이라는 암컷 기린에게 새로운 보금자리가 필요하게 되었답니다. 마침 우리 동물원에는 짝을 찾고 있는 수컷 기린이 있습니다. 트위즐을 데려올 방법을 빨리 찾아야 해요. 트위즐을 옮길 수 있는 큰 화물차는 있지만, 트위즐을 태울 수 있는 이동용 우리인 나무상자가 없어서 되도록 빨리 만들어야 합니다.

동물원 일지

동물원 관리인은 트위즐이 들어갈 나무상자의 디자인을 몇 개 그려 보았습니다. 나무상자는 트위즐의 발길질을 견딜 수 있을 만큼 단단한 판자로 만들어야 합니다. 또 다음 조건들을 만족시켜야 합니다.

- 나무상자는 트위즐이 앉거나 서 있을 수 있어야 하고, 몸을 이러저리 돌릴 수도 있어야 합니다.
- 그물이나 질긴 삼베와 같은 재질로 지붕을 만들어야 합니다.
- 공기 구멍이 꼭 필요하며, 트위즐이 뿔로 박거나 발길질을 했을 때 부서지지 않아야 합니다.
- 나무상자는 트위즐보다 조금 크게 만들어져야 합니다.

DATA BOX 에 있는 여섯 개의 디자인을 보세요.

(1) 어떤 나무상자를 선택했나요?
(2) 그 나무상자를 선택한 이유를 적어 보세요.

36쪽에 도움말이 있습니다.

이전 동물원의 풀밭에 있는 트위즐.

몸통 길이
3.5m

트위즐의 장거리 여행

트위즐이 들어갈 나무상자의 바닥은 소변이 빠져나갈 수 있도록 금속망으로 된 보조 바닥을 깝니다. 바닥과 이 금속망 사이로 소변이 흘러나가 나무상자가 청결한 상태를 유지하게 됩니다. 또한 나무상자의 벽과 바닥에는 고무 매트를 깔아 트위즐이 움직이거나 화물차가 울퉁불퉁한 곳을 지날 때, 나무상자에 부딪혀 다치지 않게 보호해 줍니다. 또 트위즐이 편하게 누울 수 있도록 고무 매트 위에 밀짚을 깔아줍니다.

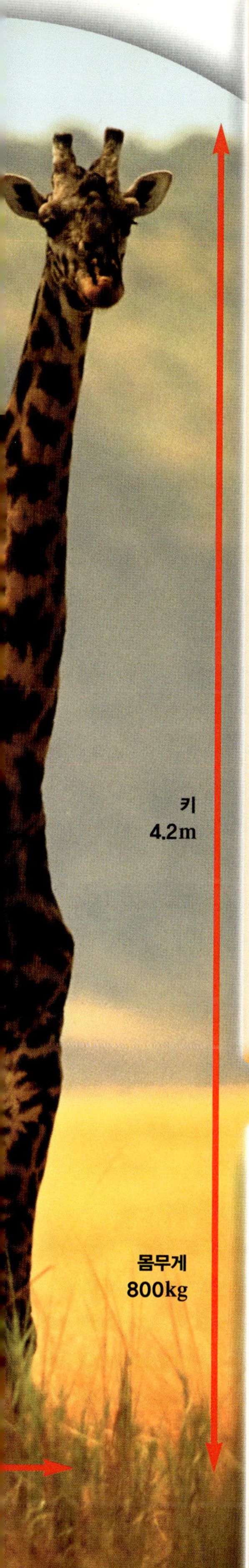

DATA BOX 나무상자 디자인

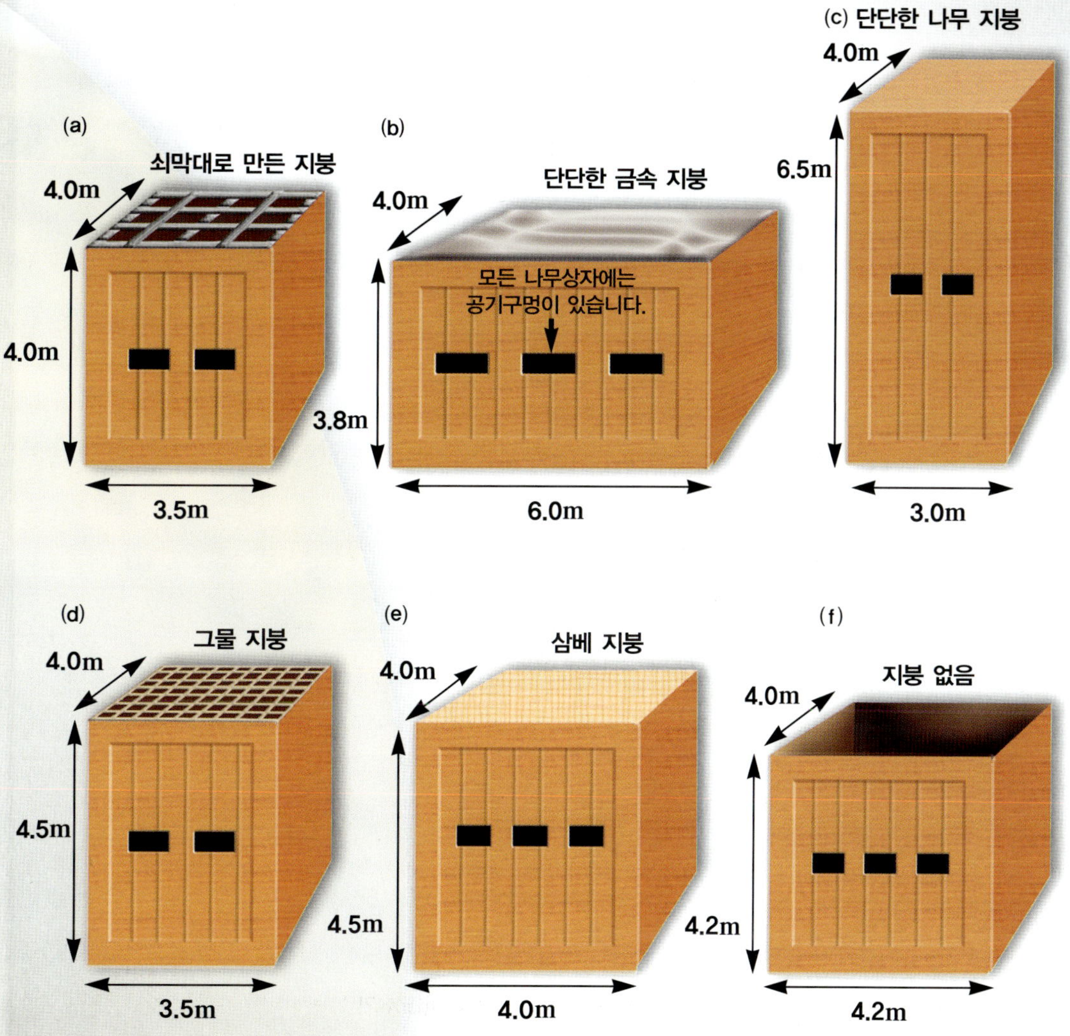

(a) 쇠막대로 만든 지붕
4.0m
4.0m
3.5m

(b) 단단한 금속 지붕
4.0m
모든 나무상자에는
공기구멍이 있습니다.
3.8m
6.0m

(c) 단단한 나무 지붕
4.0m
6.5m
3.0m

(d) 그물 지붕
4.0m
4.5m
3.5m

(e) 삼베 지붕
4.0m
4.5m
4.0m

(f) 지붕 없음
4.0m
4.2m
4.2m

키
4.2m

몸무게
800kg

도전 문제

아래 그림은 동물원 관리인들이 주로 사용하는 나무상자 모형입니다.

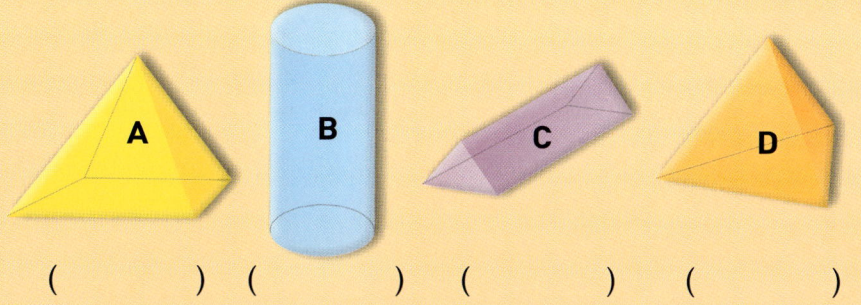

A   B   C   D

(   ) (   ) (   ) (   )

(a) 각 모형의 이름을 오른쪽에서 골라 쓰세요. (원기둥, 삼각뿔, 사각뿔, 삼각기둥)

(b) 면이 5개인 모형을 찾아 기호를 쓰세요. 꼭짓점이 5개인 모형을 찾아 기호를 쓰세요.

(c) 면의 개수가 가장 적은 모형을 찾아 기호를 쓰세요.

38쪽 '꼭짓점' 과 39쪽 '입체도형' 을 참고하세요.

기린 안정시키기

트위즐을 나무상자에 넣기 전에 안정제* 주사를 놓아야 해요. 그러면 트위즐이 이동하는 동안 불안해서 자신에게 상처를 입히는 행동을 막을 수 있습니다. 트위즐이 우리 안에 있는 동안 총으로 주사기를 쏘아 주사를 놓을 것입니다. 수의사는 정확한 위치에 한번에 주사를 놓아야만 합니다. 만약 성공하지 못하면 기린은 놀라 날뛰게 되고, 그렇게 되면 다음번 총을 쏘기가 더욱 어려워져요. 또 한가지! 총을 쏘기 전에 트위즐에게 줄 안정제의 양이 얼마나 될지 계산해야 합니다.

*안정제 : 동물이나 사람의 흥분을 가라앉히고 마음을 안정시키는 데 사용되는 약물.

동물원 일지

분수와 소수를 이용해서
트위즐에게 놓을 안정제의
양을 알아봅시다.

(1) 아래 표의 빈 칸을 소수와 분수로 채워 보세요.

분수	나눗셈	소수
	1 ÷ 2	0.5
	1 ÷ 4	
		0.75
$\frac{1}{10}$		

(2) 20, 80, 800의 $\frac{1}{4}$은 각각 얼마인가요?

(3) 100, 50의 $\frac{1}{10}$은 각각 얼마인가요?

트위즐은 몸무게 1kg당 0.25mg(밀리그램)의
안정제가 필요합니다.

(4) 트위즐의 몸무게가 800kg이라면, 안정제는 몇 mg이 필요한가요?

(5) 주사약 1mL에는 안정제 50mg이 들어갑니다. 트위즐에게 주사약 몇 mL를 주사해야 하나요?

졸고 있는 트위즐을
안심시키는
동물원 관리인

36쪽에 도움말이 있습니다.

겁이 많은 기린

트위즐이 우리 안을 서성거리는 동안에 주사 바늘이 바닥에 떨어지면 동물 관리인은 그것을 수거합니다. 수의사는 트위즐이 이동하는 동안 최상의 건강 상태를 유지하도록 해야 한답니다. 기린은 몸집은 크지만 겁이 많아서, 큰 소리를 들으면 깜짝 놀랍니다. 그래서 이동하는 내내 조심스럽게 행동해야 합니다.

도전 문제

계량컵 읽는 법을 알아봅시다.
각 계량컵에 담긴 주스의 양은 얼마인가요?

36쪽에 도움말이 있습니다.

위험물 치우기

주사를 맞은 기린은 놀라서 날뛸 수도 있습니다. 그래서 수의사와 동물 관리인은 주사를 놓기 전에 기린 주변에 위험한 것이 없는지 확인해야 합니다. 벽에는 날카롭게 튀어나온 부분이 없는지 확인하고, 바닥에 있는 짚도 치워야 합니다. 짚이 많이 깔려 있으면 미끄러워 넘어질 수 있기 때문입니다.

이사 가는 트위즐

트위즐이 맞은 안정제는 24시간이 지나면 약효가 나타나기 시작해서 7일 동안 유지됩니다. 주사를 맞은 다음날 아침, 트위즐을 나무상자 안으로 들여 보냈습니다. 트위즐이 주변 환경에 놀라거나 두려워하지 않도록 나무상자까지 가는 길은 천막을 쳐서 가려 둡니다. 동물 관리원은 트위즐이 가장 좋아하는 나뭇가지와 잎을 주면서 트위즐이 불안하지 않게 보살핍니다. 이젠 트위즐이 들어간 나무상자를 조심스럽게 화물차에 실어야겠군요. 자, 이제 트위즐의 이사 준비가 끝났습니다!

동물원 일지

트위즐의 이동 계획은 잘 세워야 합니다. 트위즐이 새 보금자리에 도착할 때까지 건강하고 편안해야 하니까요.

- 화물차는 트위즐의 안전을 위해 매우 느리게 움직여야 하므로 가장 짧은 길을 선택해야 합니다.
- 트위즐이 탄 화물차는 높이가 높으므로, 낮은 굴다리가 있는 길을 지나갈 수 없습니다.
- 구불구불한 길은 트위즐이 넘어질 수 있기 때문에 피해야 합니다.
- 트위즐에게 음식과 물을 주고 트위즐의 상태를 확인할 수 있도록 3시간마다 30분씩 화물차를 세워 휴식을 취해야 합니다.

DATA BOX 에서
세 가지 경우의 길을 살펴보세요.
검정색 길 한 칸을 가는 데 걸리는
시간은 30분입니다.

(1) 가장 빨리 갈 수 있는 길은 어느 경로인가요?
(2) 새 동물원에 도착하는 데 얼마나 걸릴까요?
　(이동 경로에는 표시되어 있지 않지만, 3시간마다 기린의 상태를 확인하고, 휴식을 취하는 시간 30분을 더 해야 한다는 것을 잊지 마세요.)

36쪽에 도움말이 있습니다.

조심! 조심!

화물차가 멈출 때, 속도를 높일 때, 회전할 때 트위즐이 넘어질 수 있으므로 매우 조심스럽게 운전해야만 합니다. 또한 트위즐에게 먹이를 줄 때는 트위즐이 주변 소리에 놀라지 않도록 조용한 곳에 멈춰야 합니다.

기린의 잠자기

기린은 보통 서서 잠을 잡니다. 맹수들이 다가올 때 누워있다가 일어서려면 시간이 오래 걸리기 때문이죠. 그래서 바로 뛰어서 도망갈 수 있도록 서서 잠을 자는 것입니다. 동물원에서는 맹수로부터 안전하지만, 그래도 본능적으로 서서 잠을 잡니다.

키다리 기린

기린은 지구 상에서 가장 키가 큰 동물로, 한 시간에 56km의 속도로 달릴 수 있습니다.

상자 안의 트위즐

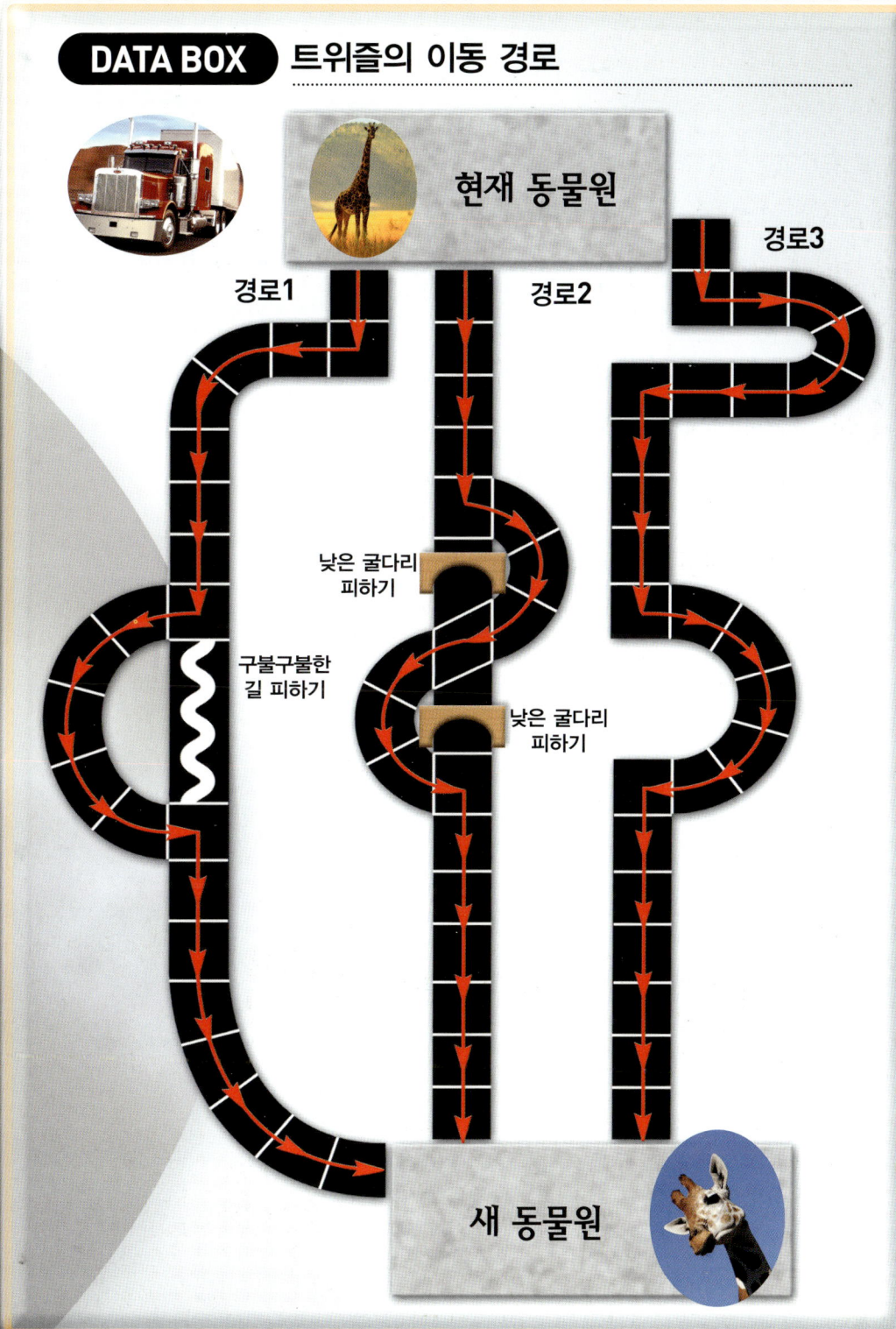

DATA BOX 트위즐의 이동 경로

현재 동물원

경로1   경로2   경로3

낮은 굴다리 피하기

구불구불한 길 피하기

낮은 굴다리 피하기

새 동물원

도전 문제

DATA BOX 를 보고, 다음 문제를 풀어 보세요.

(a) [경로 3]으로 이동한다면, 먹이를 주기 위해 몇 번을 멈춰야 하나요?

(b) 화물차가 [경로 2]를 따라 오전 9시에 출발했습니다. 트위즐의 상태를 확인하기 위해 두 번째로 멈춘 시간은 몇 시 몇 분인가요?

(c) 출발에서 도착까지 휴식을 취하는 시간까지 포함하여 총 750분이 걸렸다고 합니다. 어떤 경로로 이동했을까요?

새로운 보금자리에 도착하자마자, 트위즐은 나무상자에서 나와 새로운 우리 안으로 들어갔습니다. 트위즐이 이동 중에 생긴 피로를 풀기 위해 주변을 살피는군요. 새로운 보금자리가 아직은 낯선 트위즐은 자신이 편안히 쉴 장소, 먹이와 물이 있는 곳을 찾습니다. 트위즐은 수컷 기린의 냄새를 맡긴 하지만, 며칠 동안은 수컷 기린 옆에 다가가지 않습니다. 동물 관리인은 조용히 트위즐을 관찰하며 채소, 과일과 나뭇잎을 넉넉히 줍니다. 이것들은 수분을 많이 함유하고 있어 여행을 한 트위즐이 소화시키기 좋답니다.

동물원 일지

수의사들은 동물들의 건강을 위해 필요한 먹이의 양을 정확하게 알아야 합니다.

DATA BOX 는 기린에게 필요한 먹이의 양을 100을 기준으로 나타낸 것입니다.

예를 들면, 사과는 전체 먹이 중 $\frac{15}{100}$ 를 차지합니다. $\frac{15}{100}$ 를 15퍼센트 라고도 부릅니다. 퍼센트는 기호로 %라고 씁니다.

(1) 전체 먹이 중 사료는 얼마를 차지하나요?
(2) 양배추는 몇 %인가요?
(3) 사과와 당근은 모두 몇 %나 필요한가요?

36쪽에 도움말이 있습니다.

음식을 못 먹을 땐?

동물들은 낯선 환경에 놓이면, 먹이를 잘 먹지 못할 수도 있습니다. 이 때에는 포도당, 설탕, 소금 등을 물에 섞어서 부족한 에너지를 보충해 줍니다.

새로운 보금자리에 들어간 트위즐

수의사 일기 : 트위즐이 짝을 만났다.

- 트위즐이 동물원에 도착한 며칠 후, 수컷 기린을 짝으로 받아들였다.
- 두 기린 사이가 좋아진 것을 확인하고, 우리 안에서 같이 있을 수 있도록 해 주었다.
- 며칠 뒤, 트위즐은 짝과 함께 우리 밖으로 나갈 수 있었다.

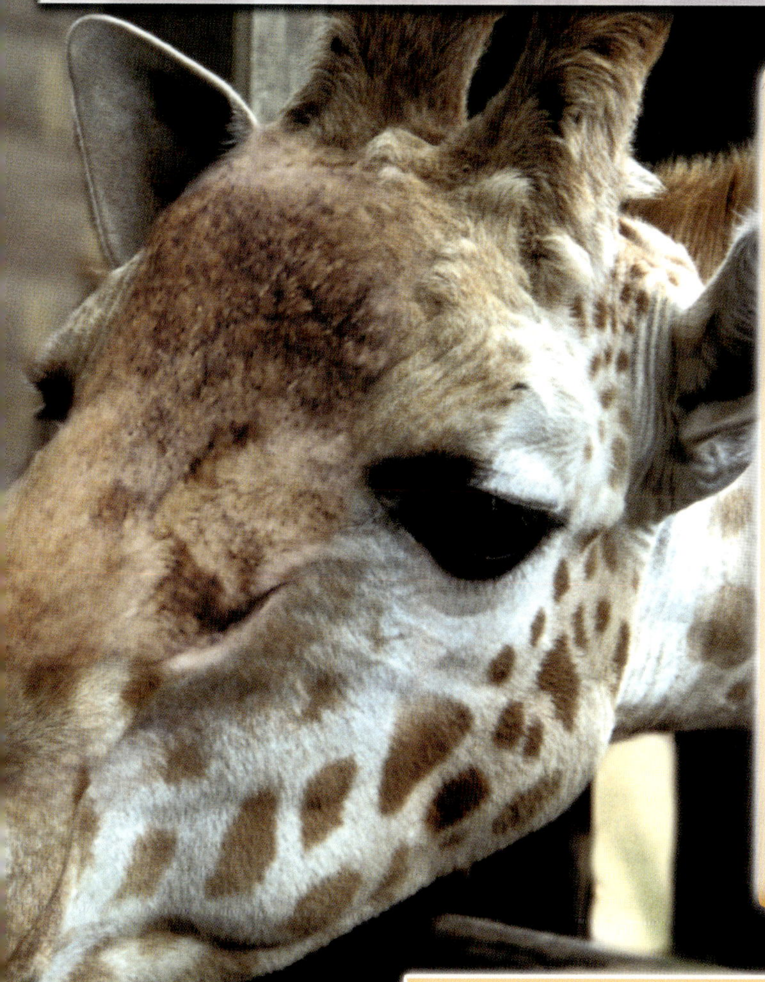

DATA BOX 기린의 식단 구성

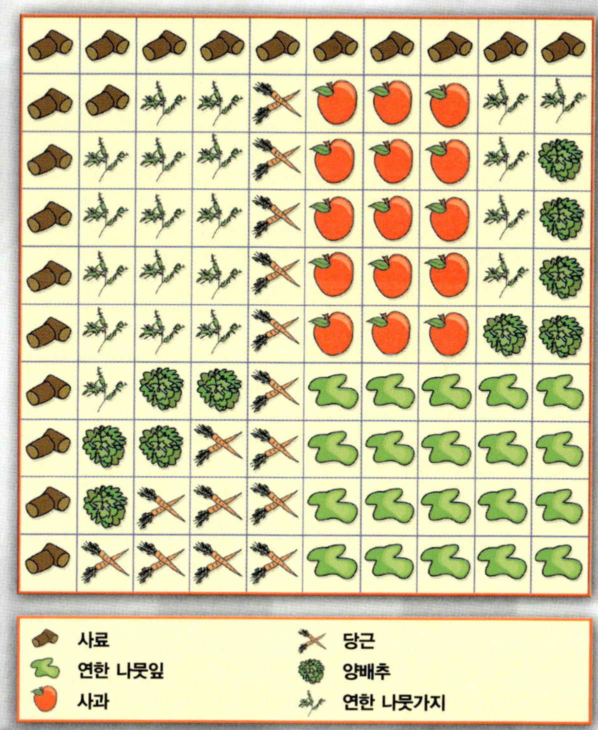
사료
연한 나뭇잎
사과
당근
양배추
연한 나뭇가지

도전 문제

동물 관리인은 트위즐의 편안한 잠자리를 위해 짚더미를 모으느라 바쁩니다. 그는 작은 짐차를 타고 동물원 주변을 돌아다닙니다.

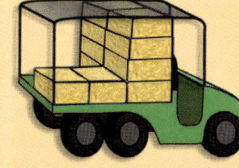

(a) 왼쪽 짐차에 짚더미를 가득 실으려면, 짚더미를 몇 개 더 실어야 할까요?

짚더미의 한 개의 크기는 가로 2m, 세로 1m입니다. 트위즐의 잠자리의 크기는 가로 8m, 세로 6m가 되어야 합니다.

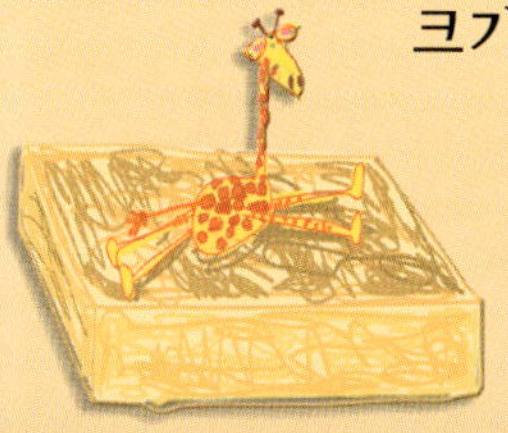

(b) 트위즐의 잠자리를 만들기 위해 짚더미는 몇 개가 필요할까요?

(c) 트위즐의 잠자리의 높이가 반이 되도록 짚더미를 옆으로 잘라 둘로 나누어 깔았습니다. 그렇다면, 짚더미는 몇 개가 필요할까요?

기생충 검사

동물원의 동물들은 봄이 되면 기생충* 검사를 받습니다. 동물들이 기생충에 감염되면 설사를 하고, 체중이 줄어듭니다. 기생충은 동물의 내장에 알을 낳고, 그 알은 배설물과 함께 밖으로 나옵니다. 그러면 동물들은 풀을 뜯어 먹다가, 땅 위에 있던 기생충 알을 다시 먹게 됩니다. 그러면 기생충 알이 다시 위로 들어가면 더 많은 기생충이 생기게 됩니다. 이 때문에 동물원에서는 동물들의 몸속에 해로운 기생충이 생기지 않도록 1년에 두 번씩 기생충 검사를 합니다.

*기생충 : 다른 생명체 안에서 기생하며 사는 생명체로 주로 동물들의 내장에서 발견됨.

동물원 일지

수의사와 동물 관리인들은 장갑을 끼고 동물원 우리 안에 있는 배설물을 채집하여 기생충이 있는지 검사합니다. 아래 표는 동물의 위 속에서 기생충이 얼마나 빨리 늘어나는지 보여 줍니다.

4주마다 기생충의 수가 두 배가 된다면, 다음과 같은 표를 만들 수 있습니다.

주	0	1	2	3	4	5	6	7	8	9	10	11	12
4주마다 두 배가 될 때	1 마리				2 마리				4 마리				8 마리

아래 표를 완성하세요.

주	0	1	2	3	4	5	6	7	8	9	10	11	12
3주마다 두 배가 될 때	1 마리			2 마리									
2주마다 두 배가 될 때	1 마리		2 마리						16 마리				
1주마다 두 배가 될 때	1 마리	2 마리											

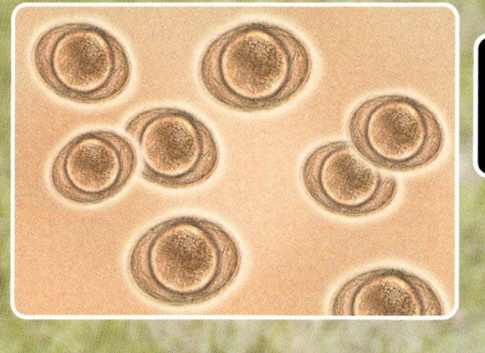

현미경으로 본
톡소카라 기생충의 알.
치타의 배설물에서 관찰함.

수의사 일기 :
배설물 수집 주간

- 동물원에는 동물 가족 전체가 모여 사는 구역도 있다. 여기서는 작은 양의 배설물이 채집되지만 동물 가족들의 배설물이 서로 섞여 있을 수 있다. 가능한 동물 가족 전체의 배설물이 채집되었길 바란다.

- 어떤 기생충은 알을 매일 낳지 않는 것도 있다. 그래서 3일 동안 계속해서 배설물을 수집해야 한다.

- 동물원 실험실에서는 배설물 샘플들을 조사한다. 물과 3g의 배설물에 유리 구슬을 함께 넣고 흔들어, 뭉쳐 있던 배설물이 풀어지도록 한다.

- 물에 풀어진 배설물을 고운 체에 거른다. 미세한 기생충과 물이 시험관에 담아진다.

- 시험관을 원심분리기에 넣고 돌린다. 이 기계는 시험관을 아주 빠르게 회전시켜 시험관 바닥에 기생충 알들이 모이게 하고, 물은 빠져 나가게 한다.

- 물위에 떠 있는 알들은 피펫*을 이용해 모으면 된다. 모은 기생충 알은 유리 슬라이드에 놓고 현미경으로 그 수를 세어 보았다.

*피펫 : 액체의 양을 정확히 측정하는 데 쓰이는 유리로 된 기구

도전 문제

치타의 배설물에서 '톡소카라'라는 기생충이 나왔습니다.
톡소카라 암놈 한 마리는 치타의 똥 1g에 700개의 알을 낳습니다.

치타의 하루 배설물이 800g이고, 위 속에 톡소카라 한 마리가 들어 있다면,
기생충 알은 몇 개나 발견될 수 있을까요?

🐾 36쪽에 도움말이 있습니다.

동물원 동물들의 기생충

동물원에서 사는 동물들은 대부분 같은 장소에서 머무는 시간이 많기 때문에 기생충 알이 묻은 풀이나 먹이를 먹을 가능성이 높습니다. 그래서 반드시 기생충 검사를 해야 합니다.
반면 야생에서 사는 동물들은 넓은 지역을 옮겨 다니기 때문에 기생충에 감염될 가능성이 낮습니다.

STAGE 6 기생충 약 먹이기

동물원에 있는 모든 동물들은 1년에 두 번 기생충 검사를 합니다. 배설 샘플 검사에서 기생충 알이 없다는 결과가 나오더라도, 여전히 동물의 몸속에 기생충이 있을 가능성이 있기 때문이에요. 어떤 동물은 배설물 수집이 안 되었을 수도 있습니다. 그래서 관리인은 동물들의 배가 고플 때, 먹이에 가루로 된 기생충 약을 섞어서 먹입니다. 이때, 동물의 무게에 따라 기생충 약의 양을 조절해야 해요. 작은 동물이 많은 양의 기생충 약을 먹으면 오히려 독이 될 수 있기 때문이죠.

동물원 일지

영장류*는 체중 1kg당 50mg의 기생충 약을 먹여야 합니다.
약은 각 동물에게 정확한 양을 주어야 하므로
수의사는 동물의 체중을 정확히 알고 있어야 합니다.
DATA BOX 를 보고, 다음을 비교해 보세요.

(1) 영장류 중 가장 무거운 것은 무엇인가요?

(2) 영장류 중 가장 가벼운 것은 무엇인가요?

(3) 수컷 긴꼬리원숭이보다 무겁지만 암컷 콜로부스원숭이보다 가벼운 영장류는 무엇인가요?

(4) 어느 영장류 한 마리와 나무상자의 무게의 합이 3kg이고, 나무상자만의 무게가 2.6kg 이라면, 상자 안에 있는 영장류는 무엇인가요?

*영장류 : 원숭이, 유인원 등이 포함된 동물군으로 인간도 영장류에 속합니다. 36쪽에 도움말이 있습니다.

음식에 넣어 줘요

약을 잘 먹지 않는 동물에게는 음식물 안에 약을 섞어 주기도 합니다. 콜로부스원숭이, 거미원숭이, 다이아나원숭이, 알렌원숭이는 으깬 바나나 샌드위치 속에 기생충 약을 넣어 줍니다. 그리고 고릴라와 오랑우탄은 당도가 낮은 검은 까치밥나무 음료에 기생충 약을 넣어 줍니다.

몸무게 재기

고릴라의 몸무게는 어떻게 잴까요? 고릴라의 우리 바닥에는 저울이 설치된 특별한 발판이 있습니다. 발판 위에 먹이를 두고, 저울의 눈금이 0이 되도록 합니다. 그리고 고릴라가 우리에 들어가서 발판 위에 앉아 음식을 먹을 때, 체중을 잽니다.

동물원 수의사가 긴꼬리원숭이를 검사하고 있습니다.

DATA BOX 영장류의 체중

영장류	수컷	암컷
고릴라	140kg	80kg
오랑우탄	80kg	43kg
긴팔원숭이	6.5kg	6.5kg
긴꼬리원숭이	4kg	3.5kg
고함원숭이	9.4kg	9.4kg
사자원숭이	400g	400g
괠디원숭이	350g	350g
콜로부스원숭이	12.5kg	9kg
거미원숭이	11kg	11kg
다이아나원숭이	9.5kg	9.5kg
알렌원숭이	9kg	9kg

도전 문제

시소의 왼쪽 끝에 사자원숭이 다섯 마리와
암컷 콜로부스원숭이 한 마리가 앉아 있습니다.

시소가 수평을 이루려면 어떤 영장류 한 마리가 시소에 앉아야 할까요?

응급상황 : 중독

방금 응급메세지가 도착했습니다. "늑대 한 마리가 병에 걸려 발작과 함께 거친 숨을 몰아쉬며 쓰러졌어요!" 도착해 보니 늑대 우리 안에는 토한 흔적이 있었습니다. 늑대가 병에 걸린 원인을 알아내기 위해 토한 내용물을 수거했습니다. 토한 내용물에서는 매우 달콤한 향이 났고 초콜릿처럼 보이는 조각들이 몇 개 발견되었습니다. 누군가 늑대 우리 안에 달콤한 것을 던져 주었군요. 개과에 속하는 많은 동물들은 초콜릿에 중독될 수 있습니다. 이 병에는 특별한 치료법이 없기 때문에 그저 저절로 나아질 때까지 정성껏 돌봐 주어야 합니다.

동물원 일지

늑대를 큰 나무상자에 실어 급히 동물 병원의 치료실로 옮겼습니다. 수의사는 늑대 다리의 정맥에 주사 바늘을 꽂았습니다. 주사 바늘을 통해 약을 투여하고, 혈액 샘플을 채취할 것입니다. 그리고 늑대가 혈압을 유지하고, 발작을 하지 않도록 링거액을 놓아 주었습니다.

(1) 1시간마다 늑대의 체중 1kg당 10mL의 링거액이 들어갑니다. 늑대의 체중이 30kg이라면, 매 시간 몇 mL의 링거액을 투여해야 하나요?

(2) 늑대는 1분에 몇 mL의 링거액을 맞아야 하나요?

(3) 1mL에 20방울의 링거액이 들어간다면, 1분에 들어가는 링거액은 몇 방울인가요?

> 늑대가 심하게 고통스러워하면, 마취 가스와 산소를 섞어 주어서 늑대를 안정시킵니다.

도전 문제

음식을 잘못 먹어서 병에 걸리거나 정상 체중보다 많이 나가게 되면, 특별한 먹이 관리를 받습니다. **DATA BOX** 를 보고, 답하세요.

(1) 다음 먹이가 몸에 좋은 동물은 무엇인가요?
  (a) 풀   (b) 빵   (c) 닭고기

(2) 다음 먹이를 먹으면 안 되는 동물은 무엇인가요?
  (d) 초콜릿   (e) 고기   (f) 회양목   (g) 금불초

(3) 아래 그릇에 담긴 먹이가 몸에 좋은 동물은 각각 무엇인가요?

그릇 A
고기

그릇 B
채소

그릇 C
짚

DATA BOX 동물원 먹이 관리표

동물 이름	몸에 좋은 먹이							몸에 나쁜 먹이			
	풀	옥수수	빵	닭고기	고기	짚	채소	고기	초콜릿	회양목	금불초
코끼리		✔	✔			✔	✔	✔			
사자				✔	✔				✔		
얼룩말	✔					✔				✔	
캥거루	✔		✔				✔				✔
늑대				✔	✔				✔		

수의사 일기 : 늑대를 간호하다

- 동물 병원에 늑대가 도착하자, 산소 마스크를 씌우고 청진기로 심장 박동수를 확인했다. 또 체온, 호흡, 혈압을 계속해서 확인했다.

- 바로 혈액 샘플을 실험실로 보냈다. 늑대에게 발작을 진정시키는 약을 주었다. 그리고 링거 액을 투여했다.

- 4시간이 흐른 뒤, 점차 회복되기 시작해서 늑대가 우리 안에서 조금씩 움직였다. 늑대의 발작이 다시 일어나지 않도록 밤새 매 시간마다 확인했다.

- 다음 날 늑대에게 고열량의 먹기 쉬운 음식을 주었다. 약은 음식에 섞어 먹였다. 일주일 후 늑대는 가족에게 돌아갈 수 있을 만큼 회복 되었다.

아무거나 주지 마세요

동물원을 찾은 사람들은 그 동물에게 해가 되는지 아닌지 모르는 채 자신이 가져온 음식을 우리 안으로 던져줍니다. 그 음식을 먹은 동물들은 늑대처럼 병원에 가야 할지도 모른답니다. 그렇기 때문에 동물원에 구경갔을 때 절대로 동물들에게 함부로 먹이를 주어서는 안됩니다.

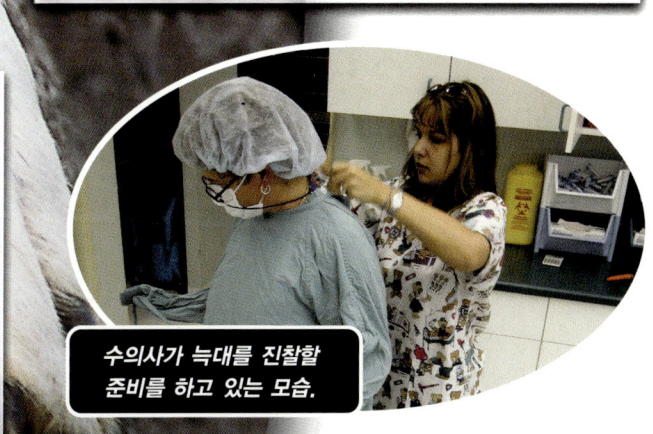

수의사가 늑대를 진찰할 준비를 하고 있는 모습.

덤불멧돼지의 이사

새로운 동물들이 2주간에 걸쳐 이사를 옵니다. 다른 동물원에서 살던 덤불멧돼지 세 마리를 맞이할 준비를 하고 있습니다. 덤불멧돼지는 주로 아프리카와 마다가스카르*의 따뜻하고 습기가 많은 삼림지대에서 발견됩니다. 덤불멧돼지는 대부분의 시간을 코로 흙을 헤집어 먹을 것을 찾으며 보냅니다. 그래서 진흙땅이 있는 숲 지역에 보금자리를 만들어 줄 예정입니다. 관리인은 가는 덤불과 나무가 우거진 곳에 덤불멧돼지의 보금자리를 정했습니다. 이제 덤불멧돼지에게 지어줄 새 우리를 만들어 볼까요?

*마다가스카르 : 아프리카 남동쪽 인도양에 위치한 섬나라

동물원 일지

덤불멧돼지에게 우리를 지어줄 계획을 세울 때는 안전을 위해 다음 사항들을 기억해야 합니다.

- 담장은 덤불멧돼지가 파 내지 못하도록 흙 아래 50cm 정도의 깊이로 박아야 합니다.
- 1.5m 높이의 담장을 치면, 방문객이 담 위로 올라타는 것을 막을 수 있습니다.
- 담장 둘레를 따라 바깥벽을 더 세웁니다. 이 바깥벽은 담장에서 1m 정도 떨어지게 세웁니다. 왜냐하면 방문객이 손을 뻗었다가 덤불멧돼지에게 물릴 수도 있기 때문입니다.

덤불멧돼지의 우리를 가로 100m, 세로 42m의 직사각형으로 만들려고 합니다.

(1) 우리 전체의 둘레의 길이는 얼마인가요?

(2) 폭이 4m인 판넬을 세워 담을 세운다면, 판넬은 모두 몇 개가 필요할까요?

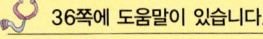 36쪽에 도움말이 있습니다.

몸무게 재기

덤불멧돼지가 동물원에 도착하면, 무게를 잴 수 있는 다리를 건너 우리에 들어가게 함으로써 체중을 확인한답니다. 덤불멧돼지의 체중은 치료할 때나 암컷이 임신을 했는지 알아볼 때 유용하게 사용됩니다.

덤불멧돼지도 이야기를 나누어요

덤불멧돼지는 호기심이 많고 영리하며, 매우 힘이 센 동물입니다. 체중은 120㎏이 넘고 후각과 청각이 매우 뛰어납니다. 그리고 꿀꿀거리거나 꾹꾹거리는 소리를 통해서 동료들과 의사소통을 한답니다.

멧돼지의 사생활

덤불멧돼지는 우리 안에 은둔처*를 만드는 습성이 있습니다.
그래서 우리의 반쪽은 유리창으로 만들어 방문객들이 덤불멧돼지가 어디에 있는지 볼 수 있습니다. 나머지 반은 밖에서 보이지 않게 가려줍니다. 그곳에서 덤불멧돼지들은 방문객들을 피해 조용히 쉬고, 새끼를 낳게 됩니다.

＊은둔처 : 숨어 사는 곳

도전 문제

동물원에서는 최대한 많은 공간을 확보하여,
방문객들이 동물들을 잘 볼 수 있게 합니다.

그러려면 동물 우리의 둘레의 길이를 되도록 길게 만들면 됩니다.
다음은 동물 우리를 그린 것입니다.

(a) 각 우리 안의 넓이를 비교해 보세요. 어떻습니까?

(b) 둘레의 길이가 가장 긴 우리는 어느 것인가요?

37쪽에 도움말이 있습니다.

동물들의 식사 조절

덤불멧돼지들은 새로운 보금자리에 잘 적응하고 있습니다. 그런데 그 중 아멜리아의 체중이 계속 줄어들고 있습니다. 그렇다면 아멜리아의 입 안에 상처가 났거나, 이빨이 썩었을 수도 있습니다. 또는 먹이를 충분히 주지 않았거나, 기생충에 감염이 됐을 수도 있습니다. 관리인과 상의해 봤지만 그 이유를 찾을 수 없었습니다. 그런데 먹이 주는 시간에 우리를 찾아갔다가 이유를 알았습니다. 큰 덤불멧돼지 두 마리가 아멜리아의 먹이를 빼앗아 먹고 있었던 것입니다. 아멜리아는 체중은 줄었지만 병든 것은 아니어서 여전히 활동적으로 생활하고 있습니다.

동물원 일지

매일 먹이 주는 시간에 아멜리아를 우리에서 따로 두고,
혼자 먹을 수 있게 하였습니다. 또한 여분의 먹이도 주었습니다.
그리고 우리 안에 저울을 두고, 아멜리아가 먹이를
먹는 동안 체중을 측정했습니다.

막대그래프를 통해 아멜리아의 몇 주간 체중을 확인해 봅시다.
첫 주에 있는 체중이 아멜리아의 정상 체중입니다.

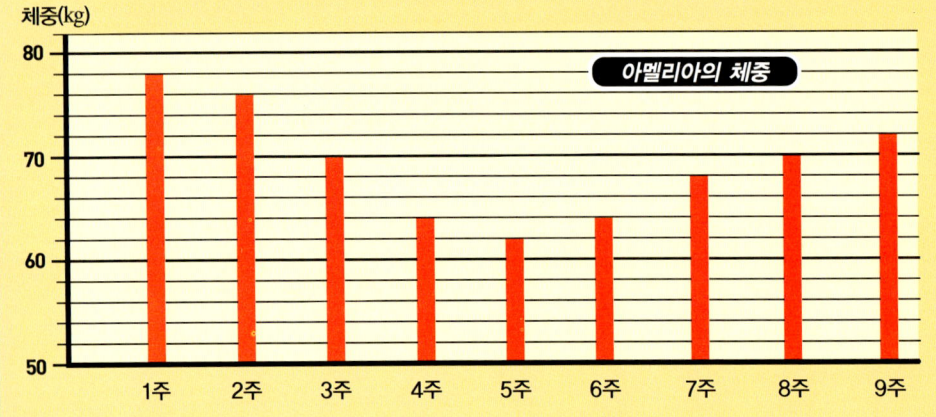

체중(kg) — 아멜리아의 체중 / 1주 ~ 9주

(1) 아멜리아의 정상 체중은 얼마인가요?

(2) 아멜리아는 몇 주 동안 체중이 줄었나요?

(3) 5주에서 6주 사이에 아멜리아의 체중은 얼마나 늘었나요?

(4) 7, 8, 9주에 아멜리아는 일정한 무게만큼 체중이 늘었습니다. 몇 kg씩 늘었나요?

(5) 앞으로 지금처럼 일정한 비율로 체중이 늘어난다면, 정상 체중에 가깝게 되는 것은 9주부터 몇 주 후인가요?

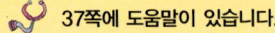 37쪽에 도움말이 있습니다.

덤불멧돼지의 먹이

야생에서 덤불멧돼지는 곰팡이, 양치류*, 풀, 나뭇잎, 식물의 뿌리, 과일 등 들판에 널려 있는 것들을 먹습니다. 또한 애벌레, 개구리, 쥐 등도 잡아 먹습니다. 동물원에서는 사과, 바나나, 당근, 양배추, 상추, 빵, 토마토 등을 줍니다. 또한 음식 속에 비타민을 섞어 주고, 단백질 섭취를 위해서 작은 닭을 먹이로 주기도 합니다.

*양치류: 뿌리, 줄기, 잎을 지니는 관다발식물 중 꽃이 피지 않는 식물로 대표적으로 고사리가 있다.

덤불멧돼지의 먹성

덤불멧돼지는 새로운 곳에 오면, 일단 우리 안에 있는 먹을 수 있는 식물들을 거의 다 먹어 치웁니다. 이 식물들을 모두 먹고 나면, 동물원에서는 덤불멧돼지의 먹이를 50% 정도 늘려 줍니다. 먹이는 우리 전체에 흩어 놓아서 약한 녀석들도 괴롭힘 없이 찾아 먹을 수 있게 합니다. 먹이를 찾는 것이 덤불멧돼지들의 하루 일과 중 하나인 셈이지요.

도전 문제

모눈의 가장자리는 우리 주위의 울타리입니다.
(1, 2)와 (3, 1) 지점에 먹이가 놓여 있습니다.

우리 안에서 먹이를 놓을 수 있는 다른 지점을 찾아봅시다.

37쪽에 도움말이 있습니다.

동물 보호와 예산 마련하기

밀렵*과 자연 파괴로 많은 야생동물들이 멸종위기*에 놓여 있습니다. 그래서 전 세계의 많은 동물원들은 자연보호사업과 동물 연구 활동에 많은 노력을 기울이고 있습니다. 또한 멸종위기의 동물들이 안전하게 살아갈 수 있는 보금자리를 마련해 주고, 번식 프로그램*을 진행하고 있으며, 야생의 동물들을 도울 수 있는 방법을 연구하고 있습니다. 이런 이유로 동물원은 매년 수백만 파운드*의 돈을 사용하고 있습니다. 이 돈은 기부, 동물원 입장 수입, 동물 대여, 기념품 가게 수입 등으로 마련하고 있습니다.

동물원 일지

동물원 기념품 가게는 방문객들을 위해
많은 기념품을 팔고 있습니다.
동물원 기념품 가게에서 생기는 이익은
동물들을 보호하는 데 사용됩니다.

DATA BOX 를 보고, 다음 물음에 답하세요.

(1) 오랑우탄 티셔츠와 얼룩말 인형을 합한 금액은 얼마인가요?

(2) 1파운드 2개와 20펜스*짜리 동전 3개를 가지고 기린 인형을 사려고 합니다. 거스름돈은 몇 펜스인가요?

(3) 사자 야구모자를 사려고 합니다. 10파운드를 내면 거스름돈은 몇 파운드인가요?

(4) 1.60파운드로 그림 엽서를 몇 장 살 수 있을까요?

(5) 다음 중 9파운드로 살 수 있는 것은 무엇인가요?

- 필통과 볼펜 한 세트
- 고릴라 인형과 얼룩말 인형
- 노트와 플라밍고 인형

(6) 동물원 방문객들은 기금 모금함에 동전을 넣기도 합니다. 모금함에는 20펜스짜리 2개, 50펜스짜리 3개, 10펜스짜리 5개, 5펜스짜리 4개, 2펜스짜리 8개가 있습니다. 모금액은 모두 몇 파운드인가요?

*펜스 : 100펜스=1파운드, 1펜스=0.01파운드

37쪽에 도움말이 있습니다.

오랑우탄을

지켜주세요

멸종 위기의 동물 보존

수의사들은 동물원의 동물들이 건강을 유지하도록 도와야 합니다. 동물들이 행복하고 건강할 때 많은 번식을 할 수 있기 때문입니다. 동물들이 번식을 잘 한다면, 그들의 수는 증가하게 될 것입니다. 그렇게 되면, 보호 구역에 살고 있던 멸종위기의 동물들은 다시 야생으로 돌아갈 수 있을 것입니다.

DATA BOX 기념품 가게 가격표

볼펜(3개 한 세트)	3.00 파운드
플라밍고 인형	7.99 파운드
기린 인형	2.50 파운드
오랑우탄 티셔츠	10.95 파운드
사자 야구모자	3.95 파운드
노트	3.75 파운드
고릴라 인형	4.00 파운드
필통	3.50 파운드
그림 엽서	20 펜스
얼룩말 인형	4.99 파운드

동물원에서 태어난 아기 오랑우탄. 오랑우탄은 멸종위기 동물로 전 세계에 25000마리도 남지 않았음.

＊밀렵 : 허가를 받지 않고 몰래 사냥하는 것을 말합니다.

＊멸종위기 : 동물의 개체 수가 사냥으로 인해 점점 줄어들거나 거주지를 잃어버려 사라질 위험에 처해 있는 것을 말합니다.

＊번식 프로그램 : 전 세계의 동물원들은 번식을 위해 동물을 서로 맺어 주기도 합니다. 만일 야생의 어떤 종이 사라지게 된다면 동물원에 살고 있는 동물들을 더 크고 건강하게 하여 종이 멸종되지 않도록 하는 데 도움을 줄 것입니다.

＊파운드 : 영국의 화폐 단위입니다. 작은 돈 단위로는 페니(penny)가 있는데, 2 페니부터는 펜스라고 합니다. 1파운드는 100펜스가 됩니다.

동물원에서 태어난 아프리카 새끼 코끼리

도전 문제

동물원은 동물 대여 사업으로 기금을 모읍니다. 동물원은 이 기금을 동물들의 먹이와 의료비로 사용합니다.

다음은 동물 대여 비용입니다.

- 라마는 1년에 1.50파운드입니다.
- 하마는 1년에 2.75파운드입니다.
- 코끼리는 1년에 5.25파운드입니다.

(a) 5파운드를 가지고 있다면, 라마를 얼마 동안 대여할 수 있나요?

(b) 5파운드를 가지고 있다면, 하마를 얼마 동안 대여할 수 있나요?

(c) 20파운드를 가지고 있다면, 각 동물을 얼마 동안 대여할 수 있나요?

트위즐이 새끼를 낳았어요!

트위즐이 이 동물원에 이사 온 지도 어느덧 2년이 다 되어 갑니다. 오늘 아침에는 트위즐의 새끼가 태어났습니다. 트위즐이 갓 태어난 새끼를 모른 체하여 관리인들의 걱정이 이만저만이 아니었습니다. 트위즐은 비틀거리며 첫발을 떼는 새끼 기린을 공격하려 했습니다. 그래서 새끼의 안전을 위해 트위즐을 다른 우리로 옮겼습니다. 갓 태어난 동물은 어미의 초유*를 먹는 것이 가장 좋습니다. 아마도 트위즐이 새끼를 처음 낳아 봐서 어리둥절한 것 같았습니다. 트위즐이 다음에 또 새끼를 낳았을 때는 잘 돌봐주겠지요.

*초유 : 어미가 새끼를 낳고 약 5일 정도 나오는 젖으로 새끼의 건강에 좋은 영양분이 있고, 세균과 바이러스를 죽이는 항체도 포함되어 있다.

동물원 일지

동물 관리인은 새끼를 낳은 축사에서 트위즐을 나오도록 했습니다.
축사에 아직 남아 있는 새끼 기린에게 먹이를 주어야 합니다.
갓 태어난 새끼는 며칠 동안은 하루에 6번씩 젖병으로 초유를 먹어야 합니다.
그 후로는 초유대신 우유를 먹게 됩니다.
첫날, 새끼 기린은 아침 6시에 우유를 먹기 시작해서 저녁 9시에
마지막 우유를 먹었습니다. 우유는 총 6번 먹었습니다.

(1) 일정한 간격으로 우유를 주었을 때, 우유 먹은 시간을 그려 보세요.

첫날 새끼 기린의 체중은 60kg이었습니다.

(2) 새끼 기린은 하루에 체중의 $\frac{1}{10}$을 먹습니다. 하루에 몇 kg을 먹을까요?

(3) 새끼 기린은 한 번에 몇 kg씩 먹을까요?

(4) 새끼 기린이 매번 주어진 우유의 절반만 먹었다면, 한 번에 얼마큼씩 먹은 것인가요?

(5) 둘째 날에 새끼 기린은 매 식사 때마다 주어진 먹이의 $\frac{3}{4}$ 만큼 먹었습니다. 한 번에 얼마큼씩 먹은 것인가요?

동물의 임신 기간

기린의 임신 기간은 15~16개월입니다. 코끼리의 임신 기간은 22개월로, 약 2년 가까이 됩니다.

새끼 기린이
젖병으로 우유를
먹고 있습니다.

새끼 기린은 태어났을 때 키가 거의 2m 정도가 됩니다.

수의사 일기 : 트위즐의 새끼

- 트위즐이 새끼를 낳을 때가 다가오자, 트위즐의 가슴은 젖이 나올 수 있도록 부풀어 올랐다.

- 트위즐을 다른 우리로 옮긴 후 불안해하지 않게 관찰할 수 있도록 우리에 비디오 카메라를 설치했다.

- 아침에 트위즐은 이리저리 왔다갔다 하고 음식을 먹지 않았다. 얼마 후 트위즐은 새끼를 낳았다.

- 대부분의 기린과 마찬가지로 트위즐도 땅에 선 채로 새끼를 낳았다. 그렇지만 트위즐은 새끼를 돌볼 생각을 하지 않고 다른 곳으로 가버렸다.

- 이제 트위즐의 새끼를 직접 키워야 한다. 먹이를 먹이고 난 후에는 오줌과 배설물로 축축해진 바닥을 마른 짚더미로 갈아 주었다. 원래 이것은 어미인 트위즐이 새끼에게 자신의 혀로 해 주어야 할 일이다.

DATA BOX 동물원의 새끼들

동물	임신 기간	새끼의 체중
기린	15개월	60kg
덤불멧돼지	120~127일	0.75kg
판다	45일	100g
꼬리여우원숭이	134일	50g
코끼리	22개월	90kg
고릴라	8.5개월	2000g
사자	14~15주	1.5kg
쥐	21일	1.25g
큰개미핥기	190일	1.25kg
말레이시안맥	13개월	10kg
회색늑대	63일	0.5kg
산얼룩말	12개월	25kg

도전 문제

수의사는 동물의 새끼가 언제 태어날지 알아야 합니다.

(a) 3월초, 동물원에 있는 다섯 종류의 동물들이 임신을 했습니다. 아래 시간을 표시한 선에는 다섯 종류의 새끼들이 태어날 시점을 알려줍니다. 위 DATA BOX 의 임신 기간에 대한 정보를 이용하여 태어난 동물이 각각 무엇인지 써 보세요.

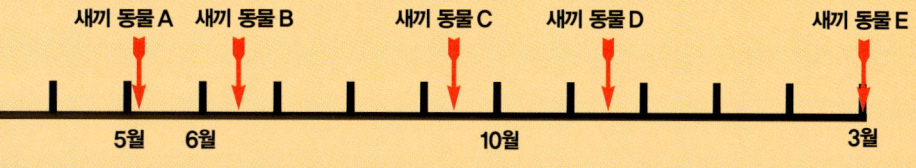

새끼 동물 A   새끼 동물 B   새끼 동물 C   새끼 동물 D   새끼 동물 E

3월   5월   6월   10월   3월

(b) DATA BOX 의 새끼들의 몸무게를 보고, 무거운 새끼 동물부터 차례대로 써 보세요.

🐾 37쪽에 도움말이 있습니다.

마무리 도전 문제

[문제1~문제2] 짚더미를 옮기는 데 사용하는 작은 짐차를 기억하고 있나요? 이 짐차에 실려 있는 짚더미 한 개의 크기는 가로 2m, 세로 2m, 높이 1m입니다. 짚더미는 앞뒤로 3줄, 옆으로 2줄, 높이로 4칸을 실을 수 있었습니다. 이 짐차를 이용해 코끼리의 짚더미와 사료 상자를 실으려고 합니다. 아래 물음에 답하세요.

문제 1

새로 태어난 새끼 코끼리를 위해 새로운 짚을 깔아 주려고 합니다. 한 개의 크기가 가로 3m, 세로 1m, 높이 2m인 짚더미를 오른쪽 짐차에 실으려고 합니다. 짐차에 짚더미를 최대 몇 개까지 실을 수 있나요?

_____

_____

_____

문제 2

새끼 코끼리를 낳은 엄마 코끼리를 위해 영양이 들어 있는 사료 상자를 한 상자 샀습니다. 가로 3m, 세로 2m, 높이 2m인 사료 상자를 오른쪽과 같이 실었습니다. 그리고 남은 공간에 가로 1m, 세로 2m, 높이 2m인 짚더미를 실으려고 합니다.
짚더미는 최대 몇 개까지 실을 수 있나요?

_____

_____

_____

[문제3~문제4]동물원에 새로운 동물 친구들이 이사를 왔습니다. 동물 사육사는 동물들이 살던 곳과 가장 비슷하게 우리를 꾸며 주었습니다. 〈동물의 특징〉 표를 보고, 물음에 답하세요.

우리 (가)

몸 길이가 1m 이상, 2m 이하인 동물이 사는 곳

우리 (나)

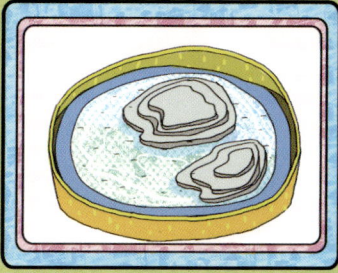

몸 길이가 1m 이하인 동물이 사는 곳

우리 (다)

몸 길이가 3m 이상인 동물이 사는 곳

	반달가슴곰	낙타	펭귄
크기	몸 길이 약 1.9m, 꼬리 길이 약 8cm	몸 길이 약 3m, 어깨 높이 1.8~2.0m	키는 약 40~90cm
먹이	도토리, 벚나무열매, 머루, 산딸기·다래와 곤충, 가재, 작은 물고기 등	나뭇가지나 잎	물고기
서식 장소	지리산 북부 전역의 1500m 이상의 높은 산	사막과 초원	남극처럼 추운 바닷가
기타	천연기념물 제 329호	오랜 시간 물 없이도 견딜 수 있음, 모래땅을 잘 걸어다님	무리 지어 생활

문제 3

각 동물의 우리를 찾아보세요.

반달가슴곰 –(　　　　), 낙타 –(　　　　), 펭귄 –(　　　　)

문제 4

동물 사육사가 동물들에게 먹이를 주려고 해요. 물고기 45마리 중 반달가슴곰에게 전체의 $\frac{5}{9}$ 를 주었어요. 남은 물고기를 다른 동물에게 준다면, 먹을 수 있는 동물은 무엇이고, 몇 마리를 먹을 수 있나요?

성공을 위한 팁

STAGE ① 12–13쪽

[동물원 일지]

자료 다루기

각 나무상자 문제를 풀 때는 다음을 고려해야 합니다.

- 나무상자의 높이는 충분한가?
- 나무상자의 세로의 길이는 모두 4m입니다. 가로 길이가 트위즐의 몸 길이에 맞을까?
- 지붕은 무엇으로 만들어야 할까?

STAGE ② 14–15쪽

이 책에서는 두 가지 측정법을 사용합니다. 하나는 미터법 (센티미터, 미터, 킬로미터, 그램, 킬로그램)이고, 다른 하나는 영국식 단위법(인치, 피트, 마일, 온스, 파운드)입니다.

미터법	영국식 단위법
길이	**길이**
1밀리미터(mm)	1인치(in) : 엄지손가락 너비. 약 2.54cm
1센티미터(cm) = 10mm	1피트(ft) : 한 발의 길이. 약 30.48cm
1미터(m) = 100cm	1피트(ft) = 12in
1킬로미터(km) = 1000m	1야드(yd) = 3ft
	1마일(mile) = 1760yd
무게	**무게**
1그램(g)	1 온스(oz) = 약 28.35g
1킬로그램(kg) = 1000g	1 파운드(Lb) = 16oz
들이	**들이**
1밀리리터(mL)	1액체 온스(fL oz) = 약 28.4mL
1리터(L) = 1000mL	1핀트(pt) = 20fL oz

미터법과 영국식 단위법을 비교하면

1km = 0.62mile, 1kg = 2.2lb

0.57L = 1pt

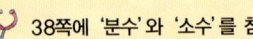 38쪽에 '분수'와 '소수'를 참고하세요.

STAGE ③ 16–17쪽

[동물원 일지]

이 문제를 푸는 방법은 여러 가지가 있습니다. 그 중 한 가지 방법을 소개하겠습니다.

두 칸을 한 개로 묶어 셉니다. (2칸이 1시간이기 때문입니다.) 그런 다음 총 시간 수를 3으로 나누어서 나온 몫만큼 휴식 시간 30분을 더해줍니다. 60분이 1시간이라는 것을 잊지 마세요.

STAGE ④ 18–19쪽

[동물원 일지]

퍼센트 사용하기 : 퍼센트는 '백분의 몇'을 나타냅니다. 예를 들어 50%는 $\frac{1}{2}$이고, 25%는 $\frac{1}{4}$입니다. 퍼센트는 양을 비교하는 데 매우 유용하게 사용됩니다. 주로 가게에서 물건 값을 할인할 때 많이 사용합니다. 1000원짜리 물건에 '50% 할인'이라고 써 있다면, 그 물건의 가격은 500원입니다.

STAGE ⑤ 20–21쪽

[도전 문제]

곱셈 : 200×300과 같이 세 자리 수의 곱셈을 할 때에는 좀 더 간단히 할 수 있는 방법을 소개합니다.

먼저 백의 자리에 있는 수를 계산합니다. 2×3을 하여 6을 얻습니다. 그리고 200과 300에 있는 0의 수를 모두 셉니다. 여기에는 4개의 0이 있으므로 답은 60000입니다. 다음 계산도 확인해 보세요. 2×300=600, 20×300=6000, 200×300=60000

STAGE ⑥ 22–23쪽

[동물원 일지]

측정 단위 사용하기 : 여러 가지 단위가 섞여 있을 때는 바꾸기 쉬운 하나의 단위로 통일해서, 수를 비교하는 것이 편리합니다.

예를 들어 6.5kg과 400g은 6500g과 400g이나, 6.5kg과 0.4kg으로 바꿀 수 있습니다.

STAGE ⑧ 26–27쪽

[동물원 일지]

둘레의 길이 : 직사각형의 둘레의 길이는 세 가지 방법으로 구할 수 있습니다.

① 네 변을 모두 더하기

② 가로와 세로의 길이를 더한 뒤 두 배하기

③ 가로 길이에 2를 곱하고, 세로에 2를 곱한 뒤 두 값을 더하기

5m

3m 3m

5m

이 직사각형의 둘레의 길이는 16m입니다.

[도전 문제]

둘레의 길이와 넓이 구하기 : 둘레의 길이를 구하려면, 모서리에 있는 변의 개수를 세면 됩니다. 도형 안에 있는 사각형을 넓이라고 합니다.

39쪽에 '둘레'를 참고하세요.

STAGE ⑨ 28~29쪽

[동물원 일지]

막대그래프 해석하기 : 28쪽의 그래프는 막대그래프입니다. 막대 끝을 연결하면 선그래프가 만들어집니다.
왼쪽에 있는 세로축은 0에서 시작하지 않았는데, 여기에는 두 가지 이유가 있습니다. 돼지의 몸무게가 절대 0이 될 수 없으므로 0부터 시작하지 않아도 됩니다. 50kg부터 시작해야 그래프를 보다 분명하게 그릴 수 있습니다.

[도전 문제]

좌표 사용하기

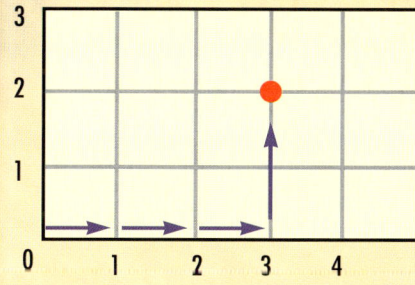

모눈 위에 있는 한 점의 좌표를 구할 때는 가로축(바닥의 눈금)의 수를 먼저 쓰고, 다음에 세로축(옆의 눈금)의 수를 적습니다.

예를 들어 (3,2) 좌표는 가로축을 따라서 3칸을 가고, 세로 축으로(위로) 2칸 간 점을 말합니다.

39쪽에 '막대그래프'를 참고하세요.

STAGE ⑩ 30~31쪽

[동물원 일지]

가격 계산을 할 때는 반올림한 가격으로 대략적인 가격을 구할 수 있습니다. 그래서 3.99 파운드를 4파운드로 반올림하면, 암산이 더 쉽습니다. 최종 답을 낼 때, 4파운드에서 0.01파운드를 빼야 한다는 것을 잊지 마세요.

거스름돈 구하는 법 : 상품의 가격이 4.95파운드이고 10파운드짜리 지폐를 지불했다면, 4.95파운드를 5파운드로 생각하고 10파운드−5파운드＝5파운드. 5파운드에 0.05파운드를 더하여 거스름돈을 5.05파운드로 구할 수 있습니다.

STAGE ⑪ 32~33쪽

[도전 문제]

수직선에서 수 재기 : 시간선은 수직선의 한 종류입니다. 수직선은 양쪽으로 길게 늘여 그릴 수 있습니다. 수직선은 수 사이의 관계를 이해하는 데 도움을 줍니다.

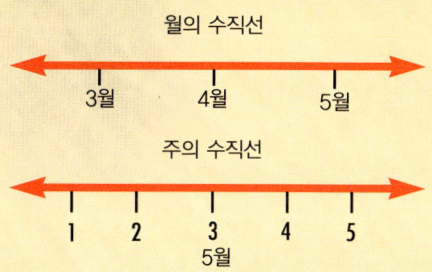

월의 수직선

3월   4월   5월

주의 수직선

1   2   3   4   5
5월

도움말 : 여러 가지 시간 단위가 섞여 있을 때는 하나의 단위로 통일하여서 비교하면 편합니다.
7일은 1주일입니다.
4~5주는 한 달입니다.
2달이나 52주는 1년입니다.
1년의 12달이 각각 한 달에 며칠이 있는지 잘 모르겠다면, 달력을 살펴보세요.

분수

전체에 대한 부분을 나타내는 수.
분수에서 가로선 위에 있는 수를 분자, 가로선 아래에 있는 수를 분모라고 합니다.
정사각형을 넷으로 똑같이 나누면 그 중 한 조각의 크기는 전체 정사각형의 부분이 됩니다. 이때, 그 부분 값(한 조각의 값)은 $\frac{1}{4}$입니다.

$$\frac{1}{4} \begin{array}{l} \rightarrow 분자 \\ \rightarrow 분모 \end{array}$$

분수는 전체 크기에 대한 부분의 크기를 나타내는 것이기 때문에 전체 크기를 항상 생각해야 합니다. 오른쪽에 동물원 A와 동물원 B의 기린 우리의 넓이는 다릅니다. 그러나 동물원 A, 동물원 B의 기린 우리는 각 전체의 크기에 대해 모두 $\frac{1}{4}$입니다. 이것은 넓이와 크기에 상관 없이 전체를 항상 1로 보고, 나누어진 부분이 차지하는 크기를 생각하기 때문입니다.

동물원 A

동물원 B

소수

0보다 크고 1보다 작은 수.

$0.1 = \frac{1}{10}$, $0.01 = \frac{1}{100}$, $0.001 = \frac{1}{1000}$ 입니다.

꼭짓점

입체도형에서는 세 개 이상의 모서리가 서로 만나는 점, 평면도형에서는 두 변이 만나는 점을 말합니다.

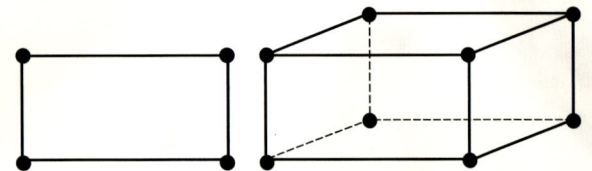

입체도형	꼭짓점의 개수
삼각기둥	6개
사각기둥	8개
오각기둥	10개
육각기둥	12개

위와 아래에 있는 면이 모양과 크기가 같은 다각형이고, 옆면은 여러 개의 직사각형으로 이루어진 입체도형은 각기둥, 밑면이 다각형으로 한 개이고, 옆면이 삼각형으로 이루어진 입체도형을 각뿔이라고 합니다.

각기둥과 각뿔의 밑면의 모양은 아래와 같습니다.

	삼각기둥	사각기둥	오각뿔	육각뿔
입체도형	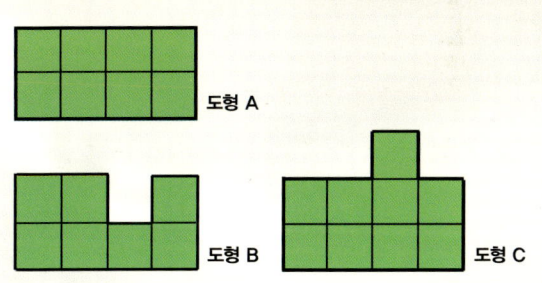			
밑면의 모양				

도형의 가장자리를 둘러싼 길이.
작은 정사각형의 한 변의 길이가 1cm라고 하면, 도형 A의 둘레의 길이는 12cm, 도형 B의 둘레의 길이는 14cm, 도형 C의 둘레의 길이는 14cm입니다.

도형 A

도형 B

도형 C

막대 모양으로 조사한 자료를 나타낸 그래프.
오른쪽 막대그래프에서 각 막대의 길이가 A는 60cm, B는 50cm, C는 45cm, D는 70cm입니다. 또, 길이가 40~50cm인 막대는 C입니다.

※ 그리는 순서
① 그래프의 가로와 세로에 무엇을 나타낼 것인지 정하기
② 세로 눈금 한 칸의 크기 정하기
③ 조사한 수에 맞도록 막대 그리기
④ 그린 막대그래프에 알맞은 제목 붙이기

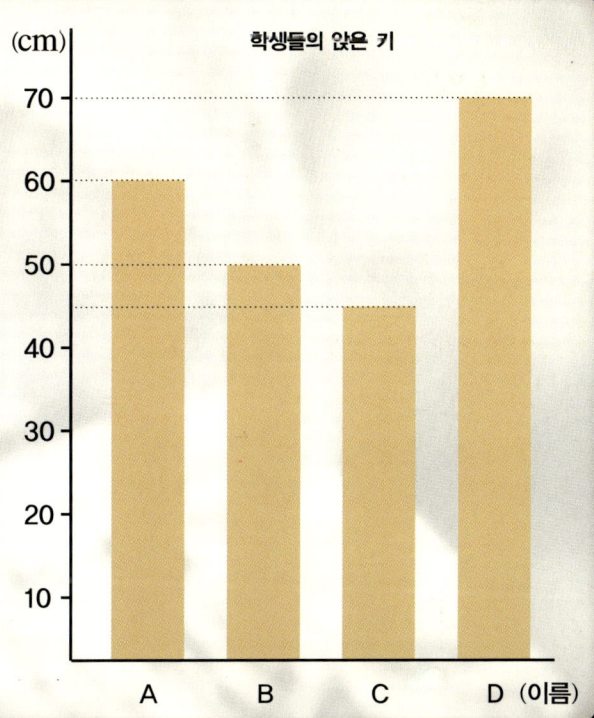

학생들의 앉은 키

미션 2 나는야 과학수사대

STAGE 4 증거 찾기

STAGE 1 도난 사건 발생

STAGE 3 현장 주변의 조사

STAGE 2 범죄 현장 조사

이런 내용들을 공부해요

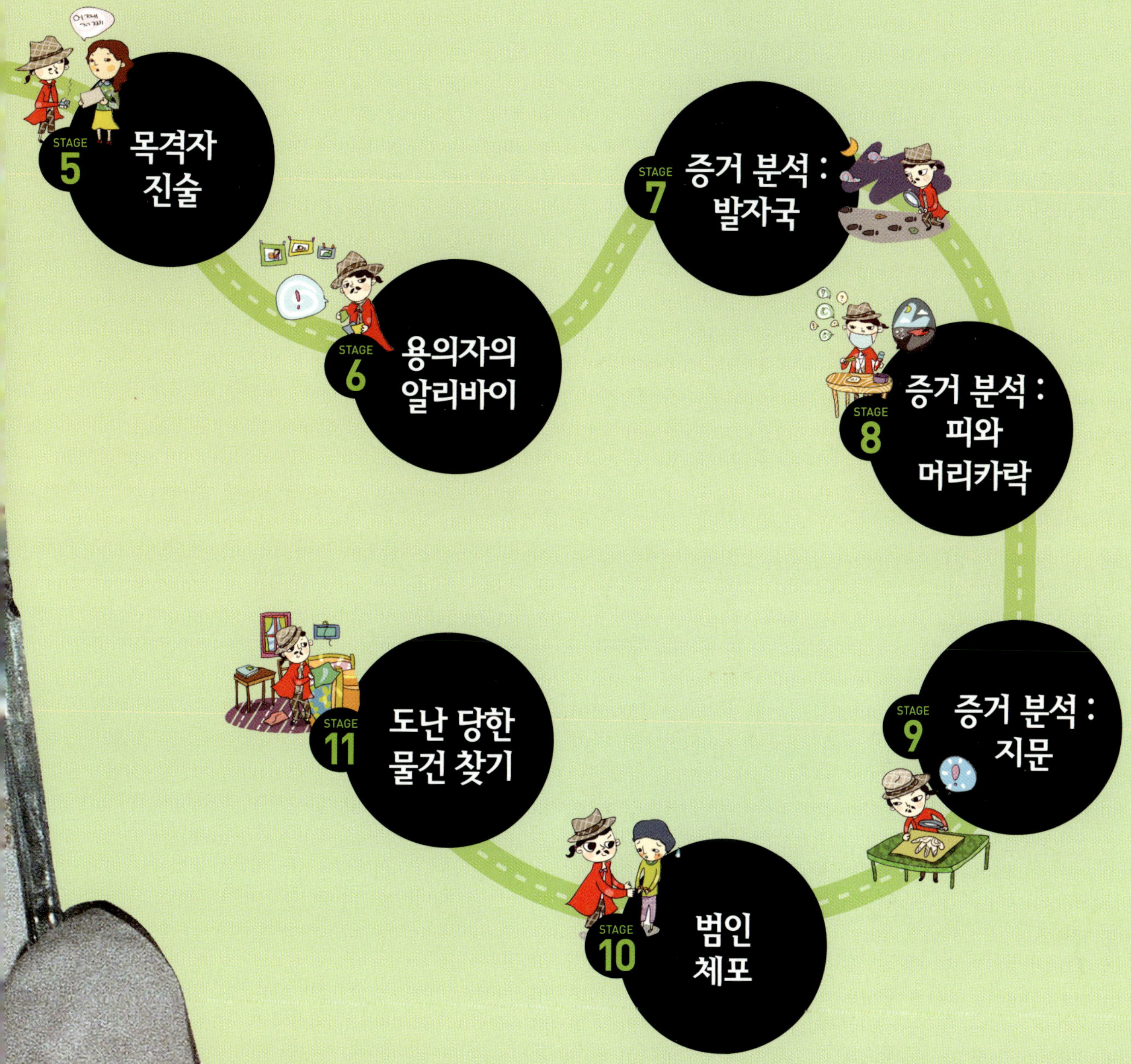

측정

- 넓이 : 61쪽
- 측정 단위 변환 : 52쪽
- 시간 (아날로그 시계 읽기) : 55쪽
- 단위 사용하기 : 48, 52, 56쪽
- 시간 표현 : 54쪽

도형과 공간

- 평면도형 : 44, 65쪽
- 나침반 방위 : 64쪽
- 좌표 : 47쪽
- 선대칭 : 65쪽

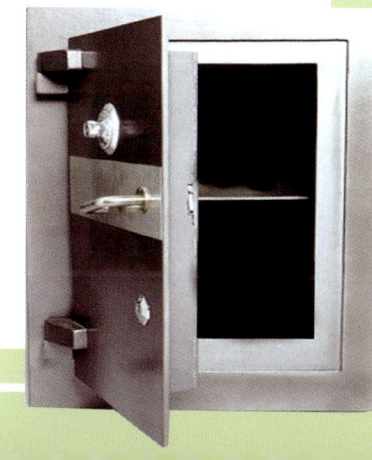

2004년 12월에 있었던 쓰나미(지진해일) 참사에 대해서 알고 있나요?

당시 집채 만한 파도에 쓸려 23만 명에 이르는 어마어마한 수의 사상자가 생겼어요. 세계의 과학 수사대 사람들이 모두 모여서 자기 나라 사람들의 지문을 채취해 신원파악(누구인지 알아내는 것)에 나섰지요.

그런데 문제가 생겼어요. 날씨가 너무 더운 탓에 시체가 금세 썩어서 지문이 잘 찍히지 않는 거예요. 다른 나라 과학수사대 요원들은 최첨단 장비를 모두 갖추고도 지문 채취를 하지 못해 쩔쩔맸었어요. 그때 우리 나라 감식반 3명이 시체 한 구에서 불과 5분 만에 지문 채취를 끝내서 다른 나라 과학수사대 요원들을 깜짝 놀라게 했대요. 그래서 피해자가 발생한 46개 나라 중에서 우리 나라 과학 수사대가 가장 먼저 신원파악을 끝내고, 다른 나라 지문 채취까지 도와주었어요.

비밀은 뜨거운 물! 뜨거운 물이 손가락 피부의 땀구멍을 열리게 해서 지문을 선명하게 찍히게 한 거예요.

여기서 잠깐!

지문에 대해 살펴볼까요?

손가락 끝을 자세히 살펴보면, 주름보다도 더 가느다란 무늬가 보이지요? 그게 바로 '지문'이에요. 땀이 나는 부분이 주변보다 튀어나와 있어서 그렇답니다. 튀어나와 있는 부분을 '융선'이라고 불러요. 똑같이 생긴 쌍둥이도 지문 모양은 다를 정도로 사람마다 지문의 모양이 다 제각각이에요. 그래서 도저히 해결할 수 없을 것만 같던 사건의 범인을 지문으로 밝혀내기도 해요.

내 지문이 어떤 모양인지 알고 싶나요?

간단해! 손가락 끝에 잉크를 묻혀 흰 종이에 찍어 보거나, 깨끗한 스카치 테이

프에 손가락 끝을 찍어 보세요. 하지만 범죄 현장에서 지문을 찾는 것은 그리 쉽지만은 않아

요. 범인이 지문 위치를 알려주고 범행을 저지를리도 없을 뿐만 아니라 온전하게 찍힌 지문

흔적도 거의 없기 때문이에요. 사건 현장마다 80여 개의 지문을 채취하다 보면 지문 채취를

하는 데만 하루 종일 걸리기도 한대요.

그런데 운이 좋아서 온전한 지문을 찾았다면, 지문의 주인이 누구인지는 어떻게 알까요?

우리 나라 국민과 우리 나라에서 범죄를 저지른 외국인 지문이 기록된 '지문 자동 검색 시스

템'으로 찾아 내요. 하지만 실제로는 드라마에서처럼 '짜잔' 하고 지문의 주인이 쉽게 나오

는 것은 아니랍니다.

백만장자의 호화저택에 도난 사건이 발생했군요. 백만장자가 요트여행을 떠난 사이에 집에서 일하는 사람 중 한 명이 도둑이 든 것을 발견했습니다. 이 사람이 112로 신고하여, 초동 수사*팀이 현장에 도착했어요. 경찰관들은 우선 노란 테이프로 '폴리스 라인*'을 만들어, 범죄 현장의 증거가 훼손되는 것을 막았습니다. 그런 다음 범죄 수사팀에 수사를 의뢰합니다. 부상자가 있다면 구급차도 불러야겠죠? 오늘 당신은 수사팀의 일원입니다. 수첩과 연필을 준비하세요. 이제 범죄 현장에 출동합니다. **★초동 수사** : 사건 발생 직후에 범인을 검거하고 증거를 확보하기 위한 긴급 수사 활동

★폴리스 라인 : 경찰이 수사를 위해 출입을 제한하기 위해 쳐 놓은 선

수사 수첩

금고가 텅 비어 있네요.
사건 현장에는 값비싼 보석이 들어 있던
빈 보석 상자와 돈을 묶었던
종이띠가 전부입니다.

(1)  에 잃어버린 돈의 액수가 적힌 종이띠가 있습니다. 도둑이 훔쳐간 돈은 모두 얼마인가요?

보석 상자를 보세요. 보석이 사라진 자리에 구멍만 남아 있습니다. 구멍은 5개의 도형이 보입니다. 예를 들어, 사파이어 상자 안에는 사각형이 하나 있습니다.

(한 번 연결한 구멍은 다시 연결할 수 없습니다.)

(2) 다음 도형이 숨어 있는 보석 상자는 각각 어느 것인가요?

(a) 정삼각형   (b) 정삼각형 아닌 이등변삼각형
(c) 육각형   (d) 팔각형

다음은 보석 1개의 가격입니다.

- 다이아몬드 : 100파운드
- 사파이어 : 85파운드
- 루비 : 65파운드

(3) 각 보석 상자에 들어 있던 보석의 가격은 얼마입니까?

 68쪽에 도움말이 있습니다.

초동 수사

경찰의 초동 수사팀은 수사를 시작하는 팀이에요. 초동 수사팀이 현장에 도착하면 다음을 생각합니다.

- 무슨 일이 일어났는가?
- 어떤 증거가 남아 있는가?
- 날씨때문에 사라지거나 변화 될 증거는 없는가?
- 범인은 지금 어디에 있을까?

현장 조사관

범죄 유형에 따라 다른 수사관이 현장에 와요. 여기에는 과학수사 요원도 포함됩니다.

마약을 찾을 때는 경찰견을 다루는 경찰관과 경찰견이, 방화범을 조사하기 위해서는 화재·폭발 조사관이 도착합니다.

보석 상자 1 : 사파이어　　　보석 상자 2 : 루비　　　보석 상자 3 : 다이아몬드

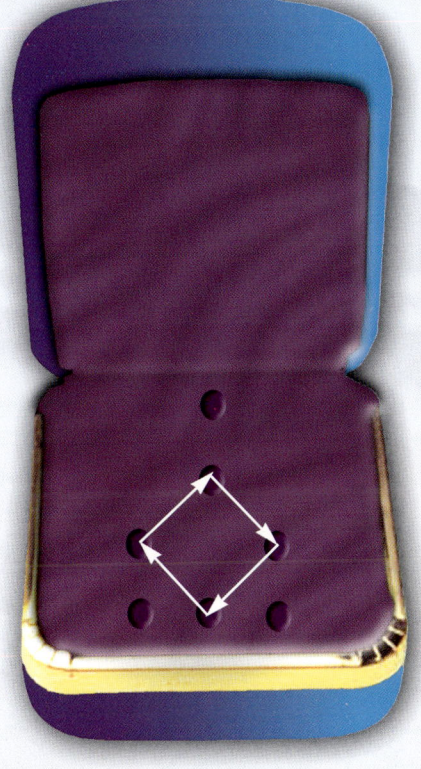

1000 파운드*　　**1000** 파운드　　**1000** 파운드　　**500** 파운드

500 파운드　　**500** 파운드　　**500** 파운드　　**500** 파운드

돈을 묶는 데 사용한 '종이띠'　　*파운드 : 영국 화폐 단위

도전 문제

도둑이 금고의 비밀번호를 풀기 위해 사용한 숫자들을 적은 쪽지를 찾았습니다. 비밀번호는 12의 배수로만 이루어져 있습니다.

12의 배수를 찾아서, 작은 수부터 차례로 적은 수가 비밀번호입니다. 비밀번호는 무엇인가요?

17	29	24	13	12
8	36	72	58	97
6	48	11	5	54	26

68쪽에 도움말이 있습니다.

범죄 현장 조사

도난 사건은 거실에서 일어났군요. 초상화 뒤에는 비밀 금고가 있었습니다. 수사 팀이 범죄 현장인 거실을 조사할 것입니다. 수사팀은 범죄 현장 안의 모든 것을 빠짐 없이 조사해야 해요. 또한 지위가 높은 경찰관이라도 범죄 현장에 함부로 들어갈 수 없도록 막을 수 있는 권한도 가지고 있습니다. 수사팀은 매우 사소한 것까지 아주 꼼꼼하게 살펴보아야 합니다. 범죄 현장을 조사하는 것은 수사에서 가장 중요한 부분이기 때문이죠. 증거를 놓치면 수사를 망쳐버릴 수 있으니 차분히 범죄 현장을 둘러 볼까요?

수사 수첩

수사팀은 범죄 현장을 보존해야만 해요.
그래서 수사팀은 범죄 현장을 모든 각도에서
사진을 찍어 두고 범죄 현장의 문, 창문의
위치, 안에 있는 모든 물건들
사이의 거리를 나타내는 그림을
그려 범죄 현장이 변했는지 확인합니다.

백만장자의 저택 거실 사진을 보세요.
47쪽에는 거실을 그린 4개의 다른
그림이 있습니다.

거실을 정확하게 그린 그림은 무엇일까요?

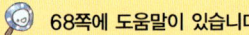 68쪽에 도움말이 있습니다.

철저한 현장 조사

- 수사팀은 가장 먼저 폴리스 라인을 만들고, 범죄 현장의 범위를 확정합니다.

- 그 다음 현장 사진을 찍고, 그림을 그립니다. 수사 중에 범죄 현장에 대해 확인할 것이 생기면 이 사진을 활용해요. 사진은 법정에서 증거로 사용될 수 있기 때문입니다.

- 증거를 찾기 위해 현장을 샅샅이 조사합니다. 증거물에는 수사 대원의 이니셜*과 숫자로 만든 고유 번호를 붙입니다.
  만약 조 블랙(Joe Black)이 현장에서 세 번째 증거물을 찾았다면 그 증거물에는 JB3이라는 번호를 매기게 됩니다.

  *이니셜 : 보통 영어의 머릿글자를 말합니다.

현장 보존

옷에서 떨어진 섬유나 머리카락이 범죄 현장을 훼손시키는 것을 막기 위해, 현장에 들어오는 모든 사람들은 보호 장비를 입어요.
수사팀이 현장 안을 살펴볼 때에는 모자가 달린 종이옷을 입고, 마스크를 쓰고, 장갑과 장화를 착용합니다.

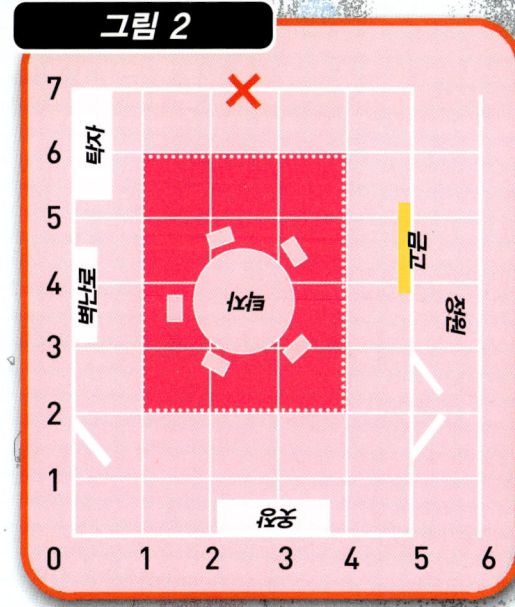

그림 1

옷장 · 화장 · 탁자 · 창문 · 정원 · 금고

그림 2

탁자 · 금고 · 정원 · 창문 · 탁자 · 창문 · 원숭이

✕는 당신이 서 있는 위치입니다. 이것은 그림과 사진을 비교하는 데 도움이 될 것입니다.

백만장자의 거실

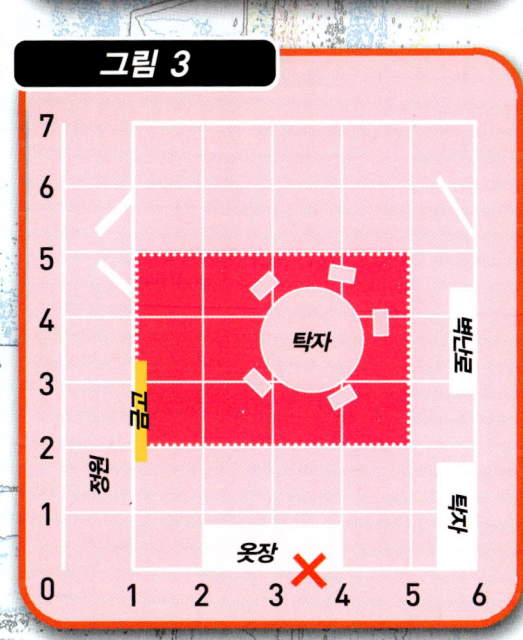

그림 3

정원 · 금고 · 탁자 · 창문 · 옷장 · 탁자

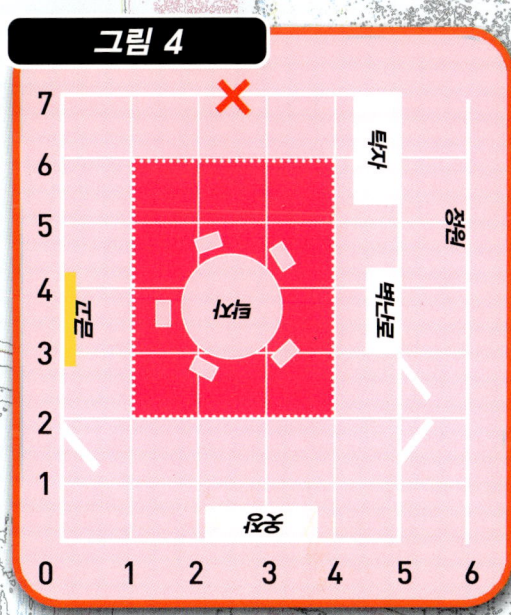

그림 4

탁자 · 금고 · 탁자 · 정원 · 창문 · 원숭이

도전 문제

수사팀은 현장에서 발견된 모든 증거물을 적어서 '범죄 현장 보고서'를 만들었습니다. 앞에서 현장을 정확하게 그린 그림 위에 놓인 모눈으로 몇 가지 단서를 찾아봅시다.

다음은 증거물의 좌표입니다.

- 진흙 발자국 : (5, 2) • 핏자국과 유리 조각 : (6, 2) • 지문 : (3, 4), (0, 4), (5, 5)
- 손바닥 자국 : (2, 4) • 머리카락 : (5, 4)

(a) 창 밖에 있는 증거물은 무엇인가요?   (b) 그림 뒤의 금고에 있는 증거물은 무엇인가요?

(c) 지문*은 어디에서 발견되었나요?   (d) 창문 바로 안쪽에 남겨진 증거물은 무엇인가요?

(e) 손바닥 자국이 찍힌 곳은 어디인가요?

*지문 : 사람이나 원숭이의 손가락 끝 안쪽에 있는 살갗의 무늬

68쪽에 도움말이 있습니다.

현장 주변의 조사

수사팀이 범죄 현장에서 반드시 조사해야 할 중요한 두 장소가 있어요. 바로 범인이 들어온 곳과 빠져나간 곳이지요. 저택의 거실에는 큰 창문이 있는데 범인은 그 창문으로 들어오고 나간 것으로 보이는군요. 왜냐하면 창문 바로 안쪽에 거실로 향하는 진흙 발자국이 찍혀 있고, 문 바로 밖에는 깨진 창문의 유리 조각이 있기 때문입니다. 그리고 유리 조각에는 피가 묻어 있습니다. 범인은 분명히 이 깨진 유리 조각에 상처를 입었을 것입니다.

수사 수첩

범인이 저택의 정원을 통해 탈출했을 것으로 보고, 정원을 수색하였습니다.
저택의 정원에서 건물들 사이로 도망치는 데 걸리는 시간을 알아봅시다.

200m를 뛰는 데 대략 1분이 걸린다면, 아래의 길을 뛸 때 각각 걸리는 시간을 구하세요.

(1) 저택에서 정문까지는 얼마나 걸리나요?

(2) 정문에서 차고와 마구간까지는 얼마나 걸리나요?

(3) 여름 별장에서 온실을 지나 보트 창고까지는 얼마나 걸리나요?

(4) 뒷문에서 보트 창고로 가는 갈림길까지의 거리가 400m라면, 보트 창고부터 저택까지 달리는 데 걸리는 시간은 얼마일까요?

(5) 테니스장에서 여름 별장까지 가는 데 걸리는 시간은 테니스장에서 저택까지 가는 데 걸리는 시간보다 얼마나 더 걸리나요?

 68쪽에 도움말이 있습니다.

백만장자의 소유지

떠 있는 다리

정문

오두막

범인이 움직인 경로는?

범죄 현장이 건물 안이라면 경찰은 범인의 입장에서 침입 경로를 생각합니다. 위의 경우 범인의 경로는 '정원을 지나 범죄 현장인 금고에 갔다가 탈출 장소로 돌아온다'가 됩니다.

드나든 장소는?

범인이 현장에 들어오고 나간 장소는 매우 중요해요.
문 근처, 창문 틀, 부엌 싱크대에는 범인의 흔적이 많이 남겨져 있습니다. 지문, 발자국, 문이나 창문을 열 때 사용한 도구의 흔적 등이 그것이죠.

도전 문제

저택의 주요 장소 사이의 길을 나타낸 도표입니다.

정문에서 시작하여 각 장소를 한 번씩 지나서, 다시 정문으로 돌아오려고 합니다. 가능한 길의 경우는 모두 몇 가지인가요?

49

증거 찾기

수사팀은 범죄 현장을 그림으로 그리고 사진도 찍어 두었습니다. 이번에는 모든 증거물을 수집해야 합니다. 발견된 증거물은 조심스럽게 담아 누가 언제 어디에서 발견한 것인지 자세하게 적습니다. 일반적으로 범죄 현장에서 발견되는 증거물에는 피, 머리카락, 옷에서 떨어진 섬유, 유리 조각, 페인트 조각, 흙, 식물, 신발이나 신발 자국, 지문, 옷 그리고 서류 등이 있습니다. 지금은 범죄 현장에 남겨진 지문을 조사하는 중이에요.

수사 수첩

당신은 범죄 현장을 조사하는 일에 능숙한 베테랑 수사관입니다.

당신이 작은 차이를 얼마나 잘 찾을 수 있는지 시험해 보겠습니다.
먼저, [거실 1]과 [거실 2]를 보고, 달라진 점을 모두 찾아보세요.
몇 군데나 찾았나요?

68쪽에 도움말이 있습니다.

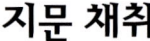
피를 채취하는 모습

도전 문제

지문은 숨어 있어서, 보통의 불빛으로는 잘 보이지 않습니다. 수사팀은 여러 기술을 사용하여 지문을 찾고 눈에 보일 수 있도록 표시합니다. 그 다음에 사진을 찍거나 투명 테이프를 이용하여 지문을 떼어냅니다.

(a) 50쪽과 51쪽에는 모두 몇 개의 지문이 있는지 어림해 보세요.

(b) 이번에는 진짜로 세어 보세요. 지문은 모두 몇 개 있습니까?

68쪽에 도움말이 있습니다.

지문 채취

수사팀이 지문을 다루는 방법을 이야기해 볼까요? 지문이 발견되면, 그 집에 있는 사람들의 지문을 채취합니다. 범죄 현장에서 살거나 일하는 사람의 지문은 원래부터 현장에 있는 것이므로 조사에서 제외해야겠죠? 그 이외의 지문이 용의자*의 것일 가능성이 높기 때문입니다. 이 방법으로 지문이 용의자의 것인지, 그 집에 사는 사람들의 것인지 알아내는 것입니다.

*용의자 : 범죄 혐의가 있다고 의심을 받고 있는 사람

사진 촬영

증거물은 먼저 확대하여 사진을 찍고, 보관합니다. 사진을 찍을 때는 길이를 짐작 할 수있는 물건을 옆에 놓고 찍습니다. 사진에 있는 증거물의 실제 크기를 짐작할 수 있어야 하니까요.

거실 1

거실 2

증거 채취하기

피

흘린 피는 피펫*을 이용하여 채취합니다. 피에 젖은 물건은 말려서 그 물건 자체를 수거합니다. 말라 버린 피는 레이저를 이용하거나 물에 적신 솜을 이용하여 떼어낼 수 있습니다.

머리카락

머리카락은 보통 눈에 보입니다. 따라서 핀셋을 이용하여 집거나, 투명 테이프를 이용하여 들어 올립니다.

지문

특수한 빛을 비추거나, 가루 뿌리기, 화학 약품으로 색 입히기 등의 방법으로 지문을 눈에 잘 보이게 합니다. 만약 지문이 있을 것처럼 보이면, 문처럼 큰 물체도 통째로 떼어가기도 합니다.

유리 조각

유리 조각은 플라스틱 병이나 상자에 담아서 옮깁니다. 만약, 플라스틱 상자가 없어서 유리병에 담게 되면, 유리병이 부서져서 증거물과 섞여버릴 수도 있으므로 조심해야 합니다.

*피펫 : 액체를 빨아올리는 기구

목격자 진술

범죄 현장에서 중요한 증거물이 몇 개 발견되었습니다. 그것은 지문, 피 묻은 유리 조각, 머리카락, 손가락 자국입니다. 그런데 증거물이 이처럼 눈에 보이는 것만 있는 것은 아닙니다. 수사팀은 증인*, 피해자*, 용의자의 진술*도 받았습니다. 그런데 백만 장자의 이웃 중 한 여성이 흥미로운 정보를 알려주었습니다. 그녀는 잘 걷지 못해서 평소 창밖을 바라보며 많은 시간을 보내는데, 도난 사건이 일어난 날 그녀는 저택의 뒷문에서 누군가가 뛰어가는 것을 보았다고 합니다.

*증인 : 어떤 사실을 증명하는 사람　　*피해자 : 범죄에 의해서 피해를 입은 사람　　*진술 : 구두로 자세히 말함

수사 수첩

이웃 여자가 본 사람은 흰색 운동복에
안경을 썼고, 저택 뒷문의 높이보다
키가 큰 사람이었습니다.
저택 뒷문의 높이는 167cm입니다.

저택에서 일하는 사람과 도난 사건 당일
저택 주변에 있었던 사람들 모두와
인터뷰를 했습니다.
안경을 썼는지, 흰색 운동복이었는지,
키가 얼마인지 물어 보았습니다.
DATA BOX 를 보고,
다음 물음에 답하세요.

(1) 안경을 쓰지 않는 사람은 몇 명인가요?

(2) 흰색 운동복이 없는 사람은 누구인가요?

(3) 키가 같은 두 사람은 누구인가요?

(4) 가장 큰 사람과 가장 작은 사람의 키 차이는 얼마인가요?

(5) 저택 뒷문으로 뛰어가던 사람으로 의심되는 사람은 누구인가요? (범인으로 의심 가는 사람들을 적어 두는 것을 잊지 마세요.)

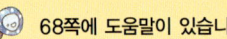 68쪽에 도움말이 있습니다.

범인의 얼굴 그리기

수사팀은 인터뷰하는 기술도 훈련을 받아요.
또한 피해자나 주변 사람들의 인터뷰를 듣고,
컴퓨터 프로그램으로 범인의 얼굴을 그려내기
도 해요.

이름	안경을 쓰는가?	흰색 운동복을 갖고 있는가?	키
1. 배달원	네	아니오	1m 52cm
2. 비서	네	네	$1\frac{3}{4}$m
3. 근처에서 조깅하던 남자	아니오	네	2m
4. 정원사	네	네	1m 80cm
5. 주방장	네	네	174cm
6. 집사	네	네	비서보다 큽니다.
7. 가정부	네	네	150cm
8. 운동 강사	네	네	1m 90cm
9. 운전사	네	네	175cm
10. 집수리 공	네	네	1720mm

도전 문제

컴퓨터 프로그램에 나타난 얼굴의 일부분입니다.
〈눈1〉을 넣어서 몇 명의 얼굴을 만들 수 있나요?

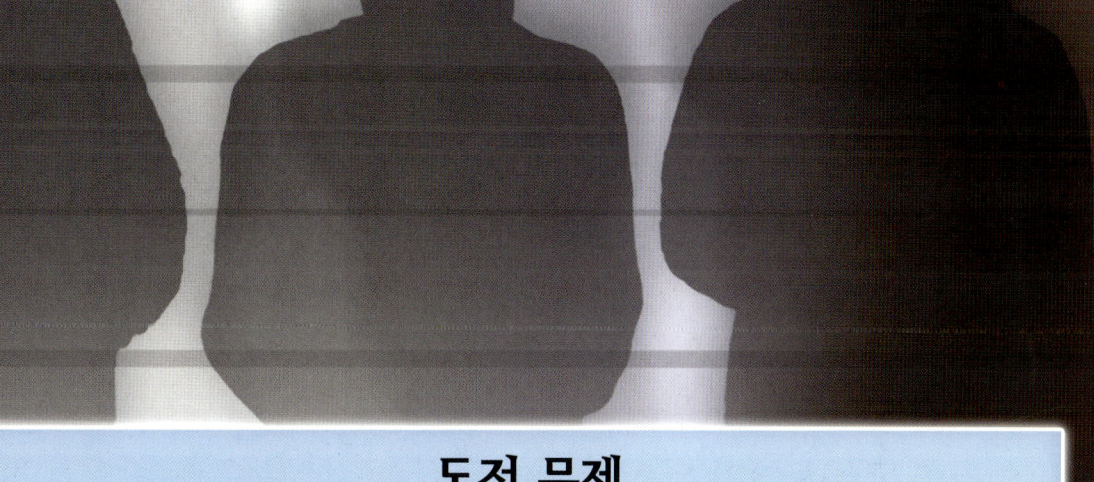
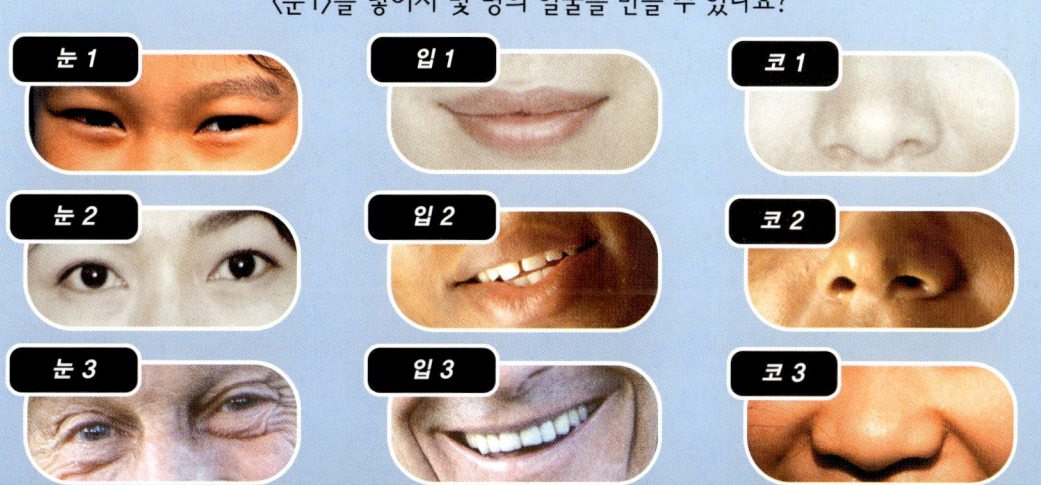

눈 1 **입 1** **코 1**
눈 2 **입 2** **코 2**
눈 3 **입 3** **코 3**

용의자의 알리바이*

이제 용의자의 범위가 좁혀졌습니다. 범인이 저택의 정원에서 뛰어나오는 것을 목격한 이웃의 증언과 일치하는 사람은 모두 일곱 명입니다. 당신이 수첩에 적어둔 용의자의 수와 일치하나요? 가정부는 범죄가 일어난 시간을 정확하게 알려 주었어요. 그날 그녀는 오후 3시 40분에 거실에서 해야 할 일을 모두 마치고 나왔다고 합니다. 오후 4시에 탁자 위 꽃병에 꽃을 갈아주려고 다시 되돌아왔을 때는 창문이 깨져 있고 금고는 비어 있었다고 합니다. 도난 사건이 일어난 시각에 용의자들이 각자 무엇을 했는지 알아봐야겠군요.

*알리바이 : 범죄가 일어난 때에 용의자가 범죄 현장 이 외의 장소에 있었다는 사실을 주장함으로써 무죄를 입증하는 방법

수사 수첩

용의자들의 진술이 적혀 있습니다.
용의자 모두에게 오후 2시부터 도난 사건이
일어날 때까지 무엇을 했는지
물었습니다.

가정부의 진술에 의하면 도난 사건은 오후 3시 40분에서
4시 사이에 일어났습니다.

진술을 읽어 보세요.
범죄를 저지를 만한 시간이 있었던 사람은 누구인가요?

용의자 : 운동 강사

여름 별장에서 혼자 45분 동안 요가를 한 뒤 $\frac{3}{4}$시간 동안 근육 운동을 했습니다.
요가를 시작한 시각은 오후 2시였습니다.

용의자 : 주방장

오후 2시부터 빵을 굽기 시작했습니다.
다음은 그의 시간표입니다.

• 재료 준비하고, 반죽 만들기
 – 10분

• 반죽을 발효시키는 동안 수프 만들기
 – 20분

• 반죽을 주무른 뒤 다시 발효시키기
 – 5분

• 반죽을 오븐에 넣고, 주방을 정리하며
 빵이 구워지기를 기다리기
 – 35분

용의자 : 비서

정문 근처 오두막에 있는 자신의 사무실에서 편지를 쓰고 있었습니다.
그 다음 정문 밖으로 나와 마을로 가서 편지를 부쳤지만, 시계가 고장이 나서 몇 시인지는 보지 못했습니다. 집에서 우체국까지는 걸어서 40분이 걸립니다.

용의자 : 정원사

온실에서 식물을 손질하느라 오후 내내 바빴습니다. 오후 2시부터 시작해서 식물 하나를 손질할 때마다 8분이 걸렸습니다.
식물은 모두 12개 손질했습니다.

용의자 : 집수리 공

오후 2시에 정문에서부터 울타리에 페인트를 칠하기 시작했습니다. 울타리는 모두 28개이고, 한 개를 페인트 칠하는 데 5분이 걸립니다. (울타리의 페인트를 모두 칠한 것이 사실임이 확인되었습니다.) 집수리 공은 마을 시계의 긴 바늘이 30분을 가리킬 때, 비서가 편지 몇 통을 들고 나가는 것을 보았다고 합니다.
그리고 잠시 뒤에 운전사가 정문으로 들어오는 것을 보았습니다.

용의자 : 집사

오후 2시에는 자신의 집무실에 앉아서 다음 주의 당번을 적고 있었습니다.
하루 당번을 적는 데는 11분이 걸립니다.

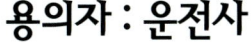

도전 문제

운전사는 자신이 저택에 돌아온 시각만을 기억하고 있었습니다.

정문에 들어올 때 거울에 비친 교회 시계의 모습이 아래와 같았다고 합니다. 몇 시 몇 분인가요?

거울에 비쳐서 시계의 좌우가 바뀌었다는 점을 잊지 마세요.

용의자 : 운전사

오후 2시부터 차를 세차했습니다. 세차를 하는 데는 55분이 걸렸습니다.
그 다음에 기름을 채우러 마을로 나갔는데 이는 35분쯤 걸린 것 같다고 합니다.

증거 분석 : 발자국

범죄 현장에서 수집된 증거물은 국립과학수사연구소의 실험실로 보내졌습니다. 용의자의 수가 더 좁혀지겠군요. 신발 자국은 지문처럼 단 하나밖에 없습니다. 왜냐하면 신발 바닥은 걸을 때 작은 돌이나 유리 조각에 흠집이 나기 때문이지요. 따라서 같은 종류의 신발이라도 그 흠집까지 같은 수는 없습니다. 범죄 현장에 있던 신발을 찾기 위해 발견된 신발 자국과 용의자들의 신발 바닥을 비교합니다. 신발 자국에도 지문처럼 평범한 불빛으로는 보이지 않는 것도 있고, 아주 선명한 것도 있습니다.

수사 수첩

저택 거실에서 발견된 발자국입니다.
발자국을 사진으로 찍기 전에 창문으로 드나든
사람은 아무도 없었습니다.

두 개의 발자국의 길이는 각각 30cm와 28cm였습니다.
막대그래프를 보고, 신발 사이즈를 알아보세요.

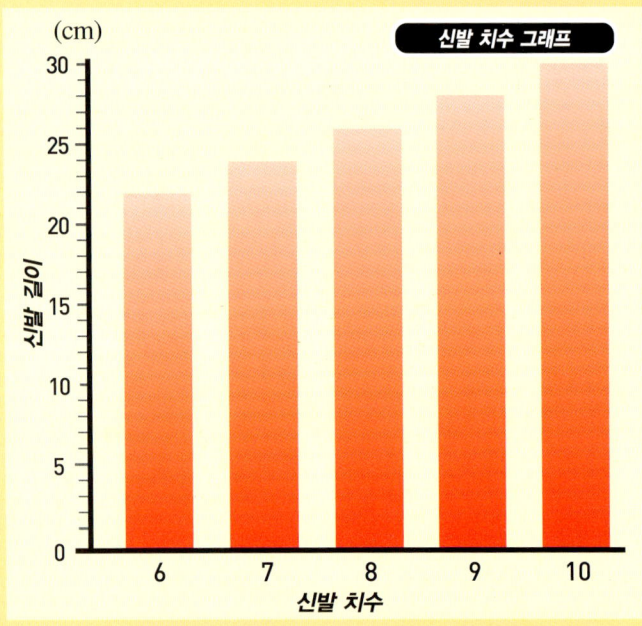

신발 치수 그래프

(세로축) 신발 길이 (cm) / (가로축) 신발 치수

DATA BOX 의 신발 치수를 보세요.
발자국을 남긴 사람은 누구인가요?

＊영국과 우리 나라의 신발 사이즈 단위는 다릅니다.

한국(mm)	220	240	260	280	300
영국	6	7	8	9	10

69쪽에 도움말이 있습니다.

30cm

28cm

입체 발자국

진흙 위에 찍힌 발자국이 마른 경우에는 석고로 뜰 수 있습니다. 높이가 낮은 플라스틱 틀로 발자국 둘레를 감쌉니다. 석고 용액을 플라스틱 틀과 발자국 속에 붓습니다.
다 굳으면 꺼내어 실험실로 가져가 조사합니다.

DATA BOX
용의자

용의자	신발 치수
집사	9
운동 강사	10
주방장	10
운전사	6
정원사	9

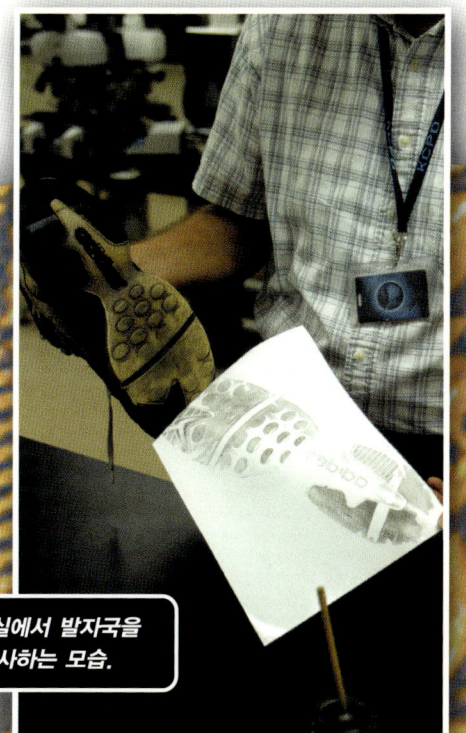

실험실에서 발자국을 조사하는 모습.

평면 발자국

단단한 바닥에 찍힌 발자국을 떠내는 방법을 알아보기로 해요. 우선 특수 플라스틱 시트를 발자국 위에 올려 놓습니다. 그리고 이 시트에 전기를 통하게 하면 먼지가 발자국 모양대로 플라스틱 시트에 붙습니다. 시트를 실험실로 가져와 강한 빛을 쪼이면, 발자국 사진을 찍을 수 있어요.

때로는 마치 커다란 투명 테이프와 같은 끈끈한 특수 종이를 사용하기도 합니다. 이 종이를 발자국 위에 덮고, 몇 분 후 종이를 떼면, 진짜 발자국과 똑같은 크기로 먼지가 붙어 나옵니다.

도전 문제

신발의 바닥은 회사마다 고유의 무늬를 가지고 있습니다. 이 무늬들을 컴퓨터에 입력시킵니다. 과학수사 연구원은 이 정보를 이용하여 신발을 만든 회사와 모델명을 찾아내요.

아래 신발 자국을 보세요. 각 신발 바닥에 묻는 일부분만 진흙이 묻어 있습니다.

(a) 각각의 신발에서 진흙이 채워진 부분을 분수로 나타내 보세요.
(b) 신발 2와 신발 4의 색칠한 부분을 소수로 나타내 보세요.

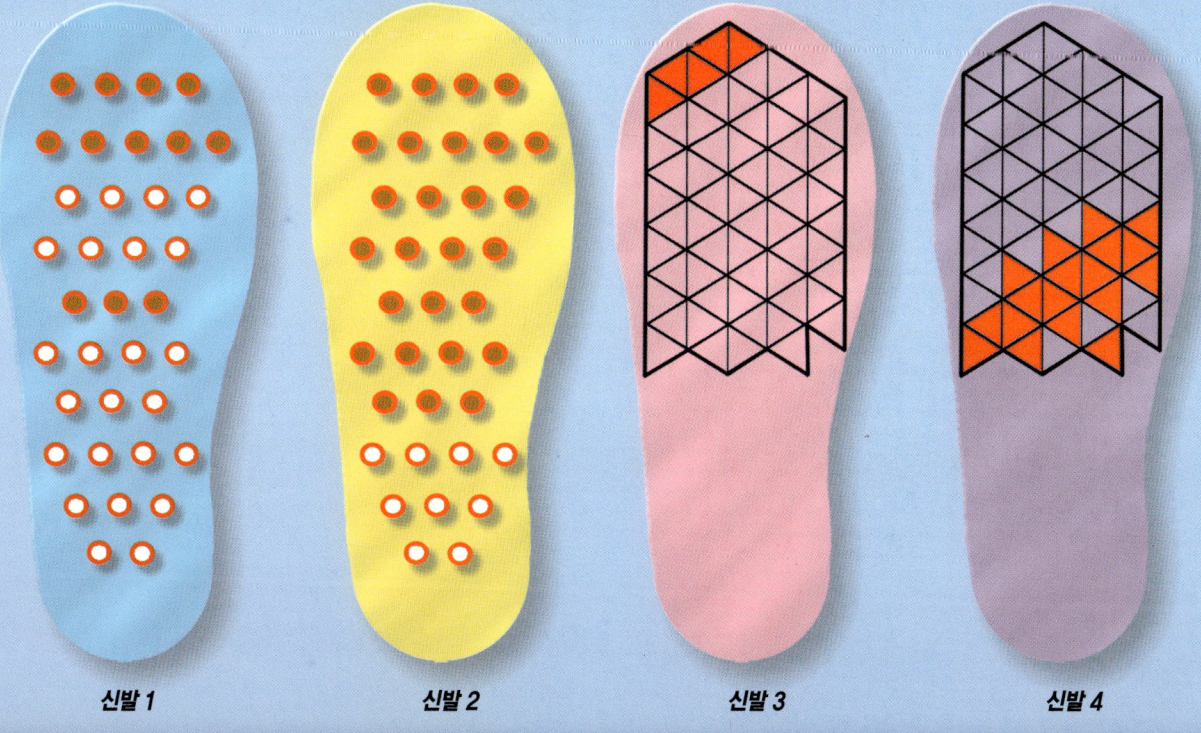

신발 1 　　　 신발 2 　　　 신발 3 　　　 신발 4

71쪽 '분수를 소수로 나타내기'를 참고하세요.

증거 분석 : 피와 머리카락

이번에는 현장에서 발견된 피와 머리카락을 분석할 차례입니다. 유리 조각에 묻은 피의 혈액형이 A, B, AB, O 중 어느 것인지 알아보았습니다. 모든 사람들의 혈액은 A, B, AB, O 중 하나입니다. 과학수사 연구원은 머리카락을 현미경으로 100배 확대하여 관찰했습니다. 그래서 그것이 사람의 것인지, 동물의 털인지 또한 어떤 색깔인지도 알아냅니다. 뿐만 아니라 머리카락을 최근에 잘랐는지, 잘랐다면 가위로 잘랐는지, 면도칼로 잘랐는지도 알아냅니다. 정말 대단하죠!

수사 수첩

현장에서 발견된 피의 혈액형은 B형이고, 금고에서 발견된 머리카락은 갈색이에요. 이제 머리색과 혈액형을 비교하여 용의자를 더 좁혀 나갈 수 있게 되었습니다.

혈액형과 머리색을 보여 주는 표를 그렸습니다. 한 명은 이미 표에 있습니다. 다른 용의자도 넣어 표를 완성하세요.

혈액형	머리색	
	갈색인 사람	갈색이 아닌 사람
B형인 사람	(사진)	
B형이 아닌 사람		

아직도 용의자로 남아 있는 사람은 누구입니까?

정원사 : 갈색 머리 / 혈액형 – B형

주방장 : 갈색 머리 / 혈액형 – A형

혈액형과 수혈

아주 오래 전부터 의사들은 다른 사람의 피를 환자에게 수혈*했어요. 그런데 수혈이 잘못 되면 피가 응고되어 환자가 죽기도 했습니다. 1901년에 칼 란트슈타이너와 그의 제자들은 피는 A형, B형, O형, AB형 이렇게 네 가지 형태가 있다는 것을 알아냈습니다. 그 이후로는 혈액형이 같은 사람끼리만 수혈을 한답니다.

*수혈:치료를 목적으로 건강한 사람의 피를 환자에게 주입하는 일

머리카락은 현장에 남은 범인

사람의 머리카락은 매일 약 100개 정도 빠집니다. 그래서 범죄 현장에서 종종 머리카락이 발견되곤 해요. 현미경으로 살펴보면, 털은 나는 부위마다 다르게 생겼습니다.

머리카락은 가장 바깥 부분인 큐티클 층과 그 안에 있는 부분인 외피 그리고 외피 안에 있는 관인 모수, 이렇게 세 개의 층으로 구성되어 있습니다. 큐티클 층은 마치 지붕의 타일처럼 투명한 비늘로 덮여 있어요. 비늘의 모양으로 사람의 털인지 동물의 털인지 구분할 수 있습니다. 외피는 머리카락의 색을 나타내는 가느다란 안료로 되어 있기 때문에 수사에 중요하게 이용됩니다.

> 사람의 머리카락 끝을 확대한 모습

운동 강사 : 검은색 머리 / 혈액형 – O형

집사 : 갈색 머리 / 혈액형 – B형

도전 문제

머리카락을 자른 지 2~3주가 지나면, 머리카락 끝이 둥글게 됩니다. 현장에서 발견된 머리카락의 끝이 아직 날카롭습니다. 즉, 최근에 잘랐다는 뜻입니다.

마을 미용실에 가서 갈색 머리를 가진 용의자가 지난 주에 머리를 잘랐는지 확인했습니다. 이발사가 고객 관리표를 보여 주는군요.

머리색	고객의 수
갈색	✝✝✝ ✝✝✝ ✝✝✝
검정색	////
흰색	✝✝✝ ///
붉은색	//
금발	✝✝✝ //

이발사가 보여준 고객 관리표를 보고,
다음 물음에 답하세요.

(a) 고객은 모두 몇 명입니까?

(b) 머리카락이 흰색이 아닌 고객은 몇 명입니까?

(c) 고객 중 6명이 머리를 염색했습니다. 전체 고객의 몇 분의 몇입니까?

 69쪽에 도움말이 있습니다.

증거 분석: 지문

사람의 손가락 끝에는 무늬가 있어요. 이 무늬는 태어나면서부터 있고, 화상을 입거나 심한 상처를 입지 않는 한 평생 같은 모양입니다. 무늬 윗부분에는 땀구멍이 있어서 손가락이 닿은 물체에 잘 보이지 않을 정도로 가느다란 땀자국이 남습니다. 이것을 지문이라고 해요. 지문으로 범죄 현장에 누가 있었는지 알 수 있지만, 언제 있었는지는 알 수 없습니다. 지문 감식반은 현장에서 발견된 지문을 가지고 용의자, 피해자, 현장에 있던 다른 사람들의 지문과 비교합니다.

수사 수첩

지문은 사람마다 모두 달라서 누구의 것인지 구별해 낼 수 있습니다. 지문은 범죄 현장에 있던 사람이 누구인지 분명히 알려줍니다.

아래에 있는 것은 백만장자 저택의 금고에서 발견된 지문의 일부분입니다.

(1) 각 지문의 주인을 찾아보세요.

(a)

(b)

(c)

(d) (e)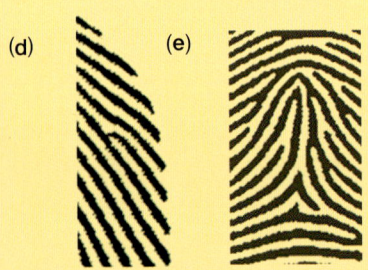

채취한 지문

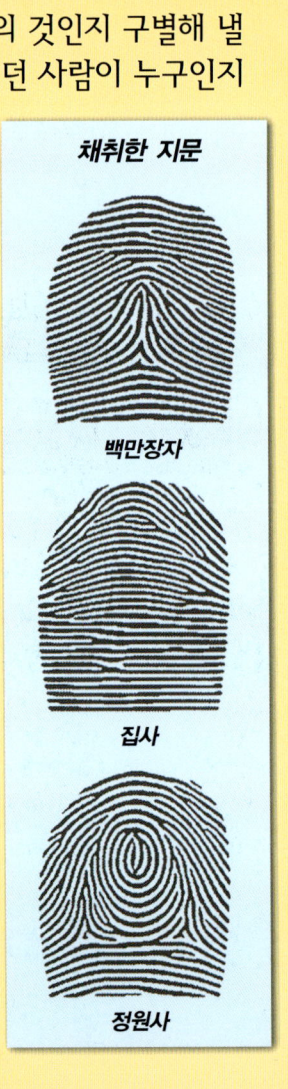

백만장자

집사

정원사

(2) 지문이 발견된 용의자는 누구인가요?

경찰관이 용의자의 지문을 찍고 있는 모습

지문의 세 가지 유형

평평한 아치

위로 솟은 아치

아치형
무늬가 한 쪽에서 시작해서 반대쪽에서 끝납니다. 아치형을 평평한 아치형과 위로 솟은 아치형으로 다시 나눌 수 있습니다.

소용돌이

소용돌이형
무늬가 360° 돌아간 모양으로, 한 개 이상의 원이 만들어집니다.

뚜렷한 올가미

올가미형
한쪽에서 시작한 선이 손가락을 가로질러서 다시 같은 자리로 돌아오는 모양입니다.

골턴의 특징

지문의 유형을 분류하듯이, 골턴의 특징이라고 알려진 지문의 특징들이 있습니다. 이 특징들은 지문을 비교할 때 유용하게 사용됩니다.

끊어짐

고립

갈라지는 지점

따로 떨어진 산

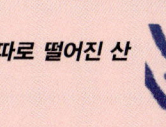

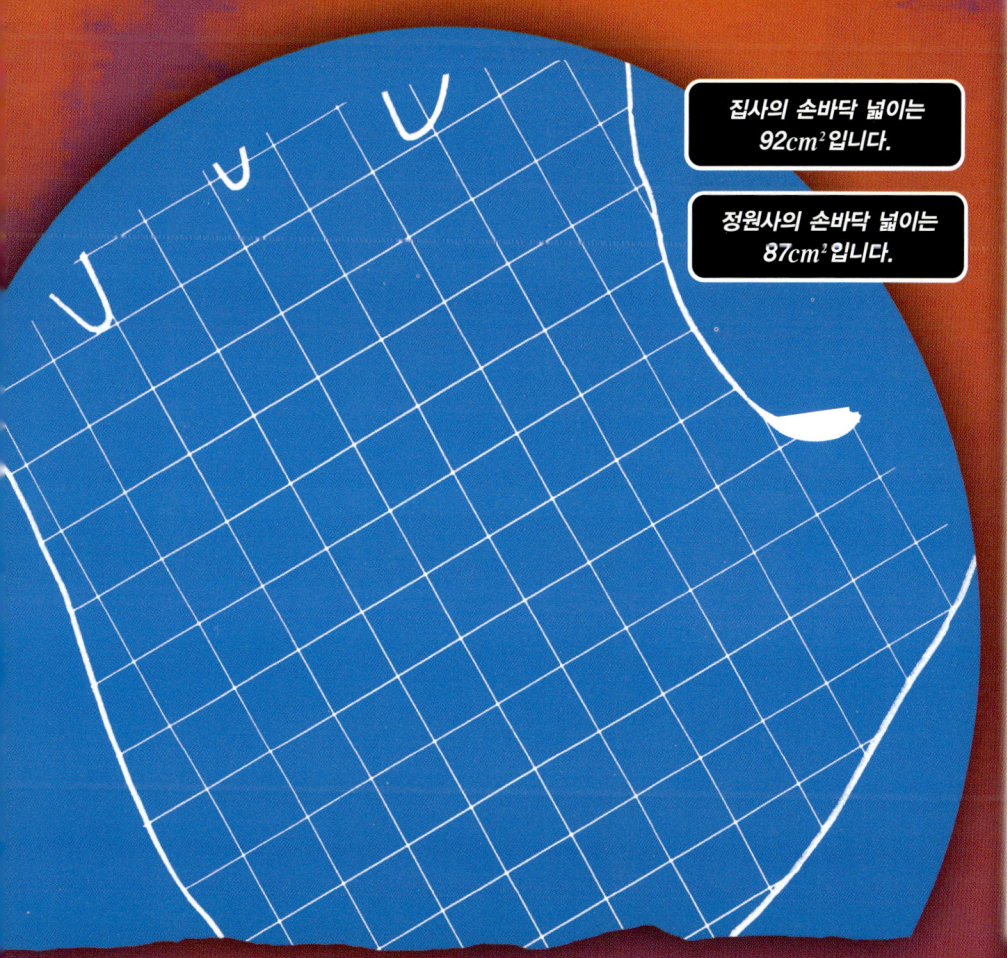

집사의 손바닥 넓이는 92cm² 입니다.

정원사의 손바닥 넓이는 87cm² 입니다.

도전 문제

거실에서 발견된 손바닥 자국 안에는 사각형이 몇 개가 들어가는지 세어 보세요.

완전한 모양의 사각형 한 개는 1cm²입니다. 이를 이용하여, 손바닥 자국의 넓이를 cm² 단위로 구할 수 있습니다. (손바닥 자국의 넓이는 완전한 모양의 사각형의 넓이로만 생각합니다.)

(a) 누구의 손바닥 자국일까요?

(b) 이제 진짜 용의자는 누구인가요? (책장을 넘기기 전에 적어 보세요.)

(c) 나의 손바닥의 넓이를 구해 봅시다. 정원사의 손바닥 넓이와는 차이가 얼마인가요? 또 집사의 손바닥 넓이와는 차이가 얼마인가요?

범인 체포

조사가 모두 끝났습니다. 누가 용의자인가요? 모든 증거는 단 한 사람을 지목하고 있습니다. 바로 정원사입니다! 그에게는 범죄를 저지를 만한 충분한 시간이 있었습니다. 그의 발자국이 거실에 찍혀 있었고, 깨진 유리 조각에 피가 묻어 있었으며, 머리카락이 금고에서 나왔습니다. 금고에서 발견된 지문은 완벽하게 정원사의 것이었습니다. 마을 미용실에 전화를 걸어 정원사가 지난 주에 머리카락을 잘랐다는 사실도 확인했습니다. 온실에 있던 정원사는 어쩐지 수상해 보였습니다. 그는 더 이상 질문에 대답하기를 거부했습니다.

수사 수첩

체포되기 전 정원사는 메모를 한 장 남겨 두었습니다. 그것은 꼭 암호같이 생겼습니다. 암호를 해독하는 것은 어려운 기술이지만, **DATA BOX** 가 도움을 줄 것입니다.

암호해독표의 가로줄의 수를 먼저 읽고, 다음에 세로줄의 수를 읽어서 글자를 만듭니다. 예를 들면, 21은 'ㄴ'이고, 53은 'ㅏ'이며 2153은 '나'가 됩니다.

이 암호해독표를 사용해서 63쪽에 있는 정원사의 비밀 편지의 내용을 알아보세요.

정원사는 체포되었습니다.

증거의 일관성

따로 모아진 증거들은 하나로 연결되기 마련입니다. 이것은 범죄 현장이 발견된 순간부터 범인이 법정에 서기까지 어떤 일이 일어났는지 말해주는 연결 고리입니다. 수사관들은 증거들이 범인을 일관*되게 지목하도록 만들어야 합니다. 만약 여기에 헛점이 생긴다면, 범인은 증거 불충분*으로 풀려날 수 있습니다.

*일관 : 하나의 방법이나 태도로써 처음부터 끝까지 한결같음.
*증거 불충분 : 증거가 충분하지 않음.

용의자는 현장에 있었다!

발견된 증거들은 용의자가 범죄 현장에 있었다는 것을 증명하는 것입니다. 우리는 정원사의 신발을 찾아서 현장에서 발견된 발자국과 비교하였습니다. 발자국에는 신발 바닥마다 서로 다른 특징이 있습니다. 현장에 있던 발자국의 이런 특징이 정원사의 신발이라는 것을 증명하였습니다.

DATA BOX 암호해독표

	1	2	3	4	5
1	ㄱ	ㄴ	ㄷ	ㄹ	ㅁ
2	ㅂ	ㅅ	ㅇ	ㅈ	ㅊ
3	ㅋ	ㅌ	ㅍ	ㅎ	ㅏ
4	ㅑ	ㅓ	ㅕ	ㅗ	ㅛ
5	ㅜ	ㅠ	ㅡ	ㅣ	ㅔ

324421 224541 3255

215351 42424411 3245   5134

232445 2145 2235 425332

1215ll 2224 42424411 324521

2153 5ll5 ll45 3ll532

lll5 512432 2244ll 323541

1244 4153

도전 문제

위의 〈암호해독표〉에 있는 25개의 문자를 1부터 25까지
숫자로 나타내 나만의 암호표를 만들어 봅시다.
자신의 이름 첫 글자를 숫자 '1'과 연결 지어 만들어 보세요.

 69쪽에 암호표에 대한 설명이 있습니다.

도난당한 물건 찾기

증거를 분석하고, 증인과 용의자들의 진술을 이용하여 사건이 해결되었습니다. 마침내 정원사가 범행*을 자백*했습니다. 하지만 다른 문제가 남았군요. 정원사는 자신이 체포되면 훔친 돈과 보석을 공범*이 찾아갈 수 있도록 숨겨두었습니다. 사건 수사를 마치려면 도난 당한 물건을 찾아 백만장자에게 되돌려 주어야만 합니다. 또한 정원사의 공범이 누구인지도 밝혀내야 합니다. 해결할 문제가 또 한 가지 생겼네요.

*범행 : 범죄 행위를 함   *자백 : 자기가 저지른 죄나 자기의 허물을 남들 앞에서 스스로 고백함   *공범 : 같이 범죄를 저지른 사람

수사 수첩

당신은 나무 아래에 서 있습니다. 온실 안에서 정원사가 공범에게 보내는 편지가 발견되었습니다. 편지에는 돈과 보석이 숨겨진 위치를 찾을 수 있는 지시문이 적혀 있습니다.

정원의 지도

지도와 방향을 보고,
지시문대로 따라 가세요.

정원사는 훔친 물건을
어디에 숨겼나요?

돈과 보석이 숨겨진 곳

- 북쪽으로 3칸 가시오.
- 동쪽으로 6칸 가시오.
- 남동쪽으로 가로질러 2칸 가시오.
- 동쪽으로 2칸 가시오.
- 북쪽으로 7칸 가시오.
- 서쪽으로 6칸 가시오.
- 남쪽으로 1칸 가시오.
- 남서쪽으로 가로질러 2칸 가시오.
- 서쪽으로 2칸 가시오.
- 북쪽으로 3칸을 간 다음 그 곳을 파시오.

 69쪽에 도움말이 있습니다.

지도 내: 조각상, 의자, 관목 숲, 꽃밭, 숲, 관목 숲, 채소밭, 숲, 의자, 허브 정원, 장미 꽃밭, 조각상, 연못, 조각상

여기 서 있습니다.

과학 수사의 승리

살아 있는 것은 모두 세포로 이루어져 있습니다. 사람, 동물, 식물을 이루는 세포 안에는 DNA*(디옥시리보핵산)란 물질이 있습니다. DNA는 침, 피부, 머리카락 뿌리, 피 등에도 있습니다.

과학수사 연구원들은 단 한 개의 세포 속에서도 DNA를 찾아내 용의자의 DNA와 비교합니다. 이 말 뜻은 단지 문 손잡이를 만지는 것만으로도 현장에 자신의 DNA를 남길 수 있다는 뜻입니다. 우리가 범죄 현장에서 발견한 피와 머리카락의 DNA는 분석 결과 정원사의 것과 일치*했습니다.

*DNA : 유전자를 이루는 주요 물질   *일치 : 비교되는 대상이 같음

도전 문제

돈과 보석은
편지에 적힌 장소에
묻혀 있었습니다.
이제 그것들을
주인에게 돌려줄 수 있게
되었습니다.

아래 그림은
보석을 반으로 자른 모양입니다.
거울에 비춰 보면
어떤 도형이 보일까요?

(a)

(b)

(c)

(d)

문제 1

감시 카메라에 창문을 깨고 도망가는 범인의 모습이 찍혔습니다. 어두워서 얼굴을 알 수 없었지만 범인의 키는 창문 높이의 대략 $1\frac{1}{2}$보다 크고, $1\frac{3}{5}$보다 작아 보였습니다. 현장을 수사한 결과 창문의 높이는 100cm이고, 범인이 밟고 올라갔던 상자는 60kg을 넘는 물건을 올려놓으면 부서집니다. 하지만 현장에 있던 나무상자는 멀쩡한 상태입니다.

아래의 용의자들의 표를 보고, 물음에 답하세요. (범인이 들고 있는 물건의 무게는 생각하지 마세요.)

용의자	가	나	다	라
성별	남	남	여	여
키	180cm	164cm	159cm	155cm
몸무게	82kg	70kg	62kg	57kg

⑴ 감시 카메라에 잡힌 범인의 모습을 보고, 범인의 키의 범위를 써 주세요.

⑵ 용의자 중 범인이라고 생각되는 사람은 누구입니까?

⑶ 왜 그렇게 생각했습니까?

_____

_____

_____

_____

_____

문제 2

부자는 보석이 들어 있는 금고의 비밀번호를 7개의 숫자로 만들고, 비밀번호의 힌트를 베게 밑, 사전 사이, 자신이 늘 끼고 있는 반지 뒤에 적어 두었습니다. 물론 그 힌트를 숨겨 둔 곳의 위치를 아는 사람은 부자뿐이었습니다.
이 부자의 금고 비밀번호는

과연 무엇일까요? 비밀번호는 빈 칸에 들어갈 수를 모두 알아낸 다음 큰 수부터 작은 차례대로 적은 수입니다.

문제 3

동물원에 희귀 동물인 백호(백색 호랑이)가 사라지는 사건이 발생했습니다. 범인은 백호에게 물렸는지 창살에 피가 묻어 있었습니다. 검사 결과 범인의 혈액형은 AB형이었습니다. 아래 용의자의 말을 듣고, 범인이 누구인지 맞춰 보세요. (단, 용의자의 혈액형은 모두 다릅니다.)

[수사 수첩]

곱셈은 덧셈을 반복하는 것과 같습니다. 예를 들어 5×3
은 5+5+5와 같습니다.

평면도형 알기

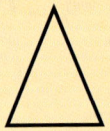

이등변삼각형은
두 변의 길이가 같습니다.

정삼각형은 세 변의
길이가 모두 같습니다.

도전 문제

12단 곱셈표
12×1 = 12
12×2 = 24
12×3 = 36
12×4 = 48
12×5 = 60
12×6 = 72
12×7 = 84
12×8 = 96
12×9 = 108
12×10=120
12×11=132
12×12=144

 70쪽 '다각형', '정다각형', '이등변삼각형', '배수'를 참고하세요.

[수사 수첩]

벽을 자세히 보세요. 문과 창문이 있는 곳은 어디인가요?
가구의 위치는 어떻게 다른가요?

[도전 문제]

좌표 사용하기 : 모눈 위에 있는 한 점의 좌표를 구할 때는
가로축(바닥의 눈금)의 수를 먼저 쓰고, 다음에 세로축(옆
의 눈금)의 수를 적습니다.

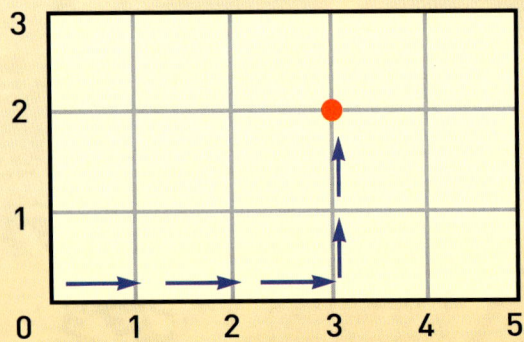

예를 들어 (3, 2) 좌표는 가로축을 따라서 3칸을 가고, 세
로축으로 2칸 간 점을 말합니다.

🔍 71쪽 '좌표'를 참고하세요.

[수사 수첩]

- 200m를 달리는 데 1분이 걸린다면, 두 배인 400m를
  달리는 데는 2분의 시간이 걸립니다.
- 60초는 1분입니다.

[수사 수첩]

스스로 해 보세요. 두 그림을 번갈아 보면서 다른 부분을
찾아봅시다.

[도전 문제]

어림하기는 추측하기와 다릅니다. 어림한 값은 실제 정답
과 비슷합니다. 어림하기를 잘 하면, 수학 문제를 스스로
확인하면서 풀 수 있습니다.

[수사 수첩]

측정 단위 사용하기 : 여러 개의 단위가 섞여 있을 때는
하나의 단위로 바꿔 주면, 비교하기 쉽습니다.
예를 들어 174cm와 2m를 비교할 때는 1.74m와 2m로
비교하거나, 174cm와 200cm로 바꿔서 비교합니다.
이때, 100cm는 1m와 같습니다.

  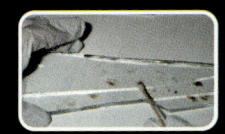  

STAGE 7 56–57쪽

[수사 수첩]

막대그래프 해석하기 : 막대그래프의 막대는 폭이 모두 같습니다. 눈금에 따라 막대의 높이가 다르며, 막대의 높이로 자료를 비교합니다. 막대그래프에서는 막대가 표현하는 것이 무엇인지, 눈금 한 칸의 크기가 얼마인지 알아야 합니다. 눈금 한 칸은 1일 수도 있고, 2, 5, 10처럼 다른 수일 수도 있습니다.

71쪽 '표와 그래프'를 참고하세요.

STAGE 8 58–59쪽

[도전 문제]

문제에 있는 막대 표시는 자료의 총량을 표시하여 빨리 세기 위해 사용하는 방법입니다. 세로줄 하나(/)는 '1'을 나타내고, 세로줄 두 개(//)는 '2'를 나타냅니다. 다섯 번째 선은 네 개의 세로줄을 가로질러서 긋습니다. 〴〴 막대 표시를 보고, 수를 셀 때에는 5의 단 곱셈구구를 이용하는 것이 쉽습니다.

STAGE 10 62–63쪽

[도전 문제]

숫자에 문자를 연결시켜서 새로운 암호표를 만들 수 있습니다. 해독하기 어렵게 만들기 위해 자신의 이름 첫 글자를 '1'로 합니다. (ㄱ 대신 내 이름 첫 자음을 씁니다.) 그리고 나서 나머지 글자를 적습니다. 예를 들어 이름이 소연이라면, 암호는 아래처럼 만들어집니다.

1	2	3	4	5	6	7
ㅅ	ㅇ	ㅈ	ㅊ	ㅋ	ㅌ	ㅍ
8	**9**	**10**	**11**	**12**	**13**	**14**
ㅎ	ㅏ	ㅑ	ㅓ	ㅕ	ㅗ	ㅛ
15	**16**	**17**	**18**	**19**	**20**	**21**
ㅜ	ㅠ	ㅡ	ㅣ	ㅚ	ㄱ	ㄴ
22	**23**	**24**	**25**			
ㄷ	ㄹ	ㅁ	ㅂ			

STAGE 11 64–65쪽

[수사 수첩]

'가로 지른다'는 말은 사각형의 한쪽 끝에서 반대쪽 끝으로 가는 것을 말하며, 대각선이라고도 합니다.

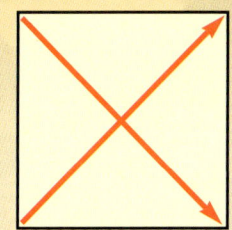

단위

이 책에서는 두 가지 측정법을 사용합니다. 하나는 미터법(센티미터, 미터, 킬로미터, 그램, 킬로그램)이고, 다른 하나는 영국식 단위법(인치, 피트, 마일, 온스, 파운드)입니다.

미터법	영국식 단위법
길이	**길이**
1밀리미터(mm)	1인치(in) : 엄지손가락 너비. 약 2.54cm
1센티미터(cm) = 10mm	1피트(ft) : 한 발의 길이. 약 30.48cm
1미터(m) = 100cm	1피트(ft) = 12in
1킬로미터(km) = 1000m	1야드(yd) = 3ft
	1마일(mile) = 1760yd
무게	
1그램(g)	**무게**
1킬로그램(kg) = 1000g	1 온스(oz) = 약 28.35g
	1 파운드(Lb) = 16oz
들이	
1밀리리터 (mL)	**들이**
1리터(L) = 1000mL	1액체 온스(fL oz) = 약 28.4mL
	1핀트(pt) = 20fL oz

미터법과 영국식 단위법을 비교하면

1km = 0.62mile, 1kg = 2.2lb

0.57L = 1pt

이해를 돕는 개념 설명

다각형

3개 이상의 선분으로 둘러싸인 평면도형.
다각형의 이름은 변의 수에 따라 이름이 정해집니다. 또한 변의 수와 꼭짓점의 수는 같습니다.

변의 수	3개	4개	5개	6개	8개
모양					
이름	삼각형	사각형	오각형	육각형	팔각형
꼭짓점의 수	3개	4개	5개	6개	8개

정다각형

변의 길이와 각의 크기가 모두 같은 평면도형.
변의 수에 따라 정다각형의 이름이 정해집니다. 변의 수가 3개이면 정삼각형, 변의 수가 4개이면 정사각형, 변의 수가 5개이면 정오각형입니다.

정삼각형	정사각형	정오각형	정육각형	정팔각형

이등변삼각형

두 변의 길이가 같은 삼각형.
이등변삼각형은 두 각의 크기가 같습니다.

배수

어떤 수를 1배, 2배, 3배, … 한 수.
즉, 5의 배수는 5를 1배, 2배, 3배, 4배,… 한 수인 5, 10, 15, 20,…이 됩니다.
또한 어떤 수의 배수는 무수히 많습니다.

| 좌표 | 직선, 평면, 공간에서 점의 위치를 나타내는 수의 짝.
평면에서 좌표는 가로축, 세로축 순으로 읽습니다. 붉은 점의 좌표는 (3, 4), 파란 점의 좌표는 (6, 2) 입니다. | 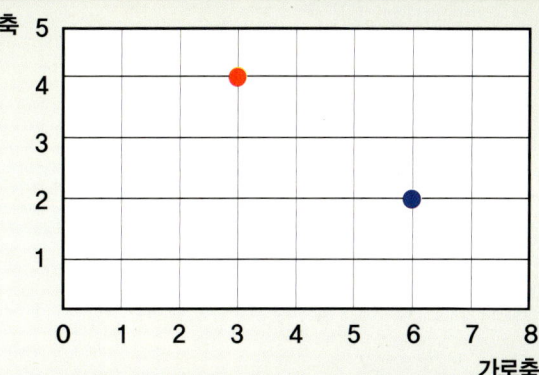 |

표와 그래프

표의 특징

1. 조사한 자료의 수량을 종류별로 알아보기 쉽습니다.
2. 자료가 적을 때에는 수량의 비교도 가능합니다.
3. 전체 자료 수의 합을 알기 쉽습니다.

막대그래프의 특징

1. 조사한 자료의 크기를 막대의 길이로 나타내므로 수량의 많고 적음을 쉽게 비교할 수 있습니다.
2. 전체적인 경향을 한눈에 쉽게 알아볼 수 있습니다.

그림그래프의 특징

1. 조사한 자료의 수를 실물 모양의 그림으로 나타내므로 조사 내용을 쉽게 이해할 수 있습니다.
2. 위치나 장소에 따라 자료를 나누어 비교하기 편리합니다.

분수를 소수로 나타내기

$\dfrac{1}{10} = 0.1$, $\dfrac{1}{100} = 0.01$, $\dfrac{1}{1000} = 0.001$로 나타냅니다.

분수의 분자와 분모에 0이 아닌 수를 곱해서 분모가 10, 100, 1000, …으로 바꿉니다. 그런 후 분수를 소수로 나타내면 됩니다.

즉, $\dfrac{2}{5} = \dfrac{2 \times 2}{5 \times 2} = \dfrac{4}{10} = 0.4$, $\dfrac{3}{25} = \dfrac{3 \times 4}{25 \times 4} = \dfrac{12}{100} = 0.12$로 나타낼 수 있습니다.

STAGE ① 12-13쪽

[동물원 일지]

(1) 나무상자 (e)

(2) • 높이가 트위즐의 키인 4.2m보다 높습니다.
  • 트위즐이 움직일 공간이 있습니다.(트위즐의 몸통너비는 3.5m, 키는 4.2m입니다.)
  • 지붕이 삼베로 되어 있습니다.

[도전 문제]

(a) A-사각뿔, B-원기둥, C-삼각기둥, D-삼각뿔

(b) 면이 5개인 도형 : A, C
  꼭짓점이 5개인 도형 : A

(c) B

도형의 이름	면의 개수(개)	꼭짓점의 개수(개)
원기둥	3	0
삼각뿔	4	4
사각뿔	5	5
삼각기둥	5	6

STAGE ② 14-15쪽

[동물원 일지]

(1)

$\frac{1}{2}$	$1 \div 2$	0.5
$\frac{1}{4}$	$1 \div 4$	**0.25**
$\frac{3}{4}$	**$3 \div 4$**	0.75
$\frac{1}{10}$	**$1 \div 10$**	**0.1**

(2) 5, 20, 200

$20 \times \frac{1}{4} = \frac{20}{4} = 5$, $80 \times \frac{1}{4} = \frac{80}{4} = 20$

$800 \times \frac{1}{4} = \frac{800}{4} = 200$

(3) 10, 5

$100 \times \frac{1}{10} = \frac{100}{10} = 10$, $50 \times \frac{1}{10} = \frac{50}{10} = 5$

(4) 200mg

1kg당 0.25mg이 필요하므로 800kg에는
$800 \times 0.25 = 200$(mg)이 필요합니다.

(5) 4mL

트위즐이 맞아야 할 안정제의 양은 200mg이고, 주사약 1mL에는 안정제 50mg이 들어가므로 주사약 $200 \div 50 = 4$(mL)를 주사해야 합니다.

[도전 문제]

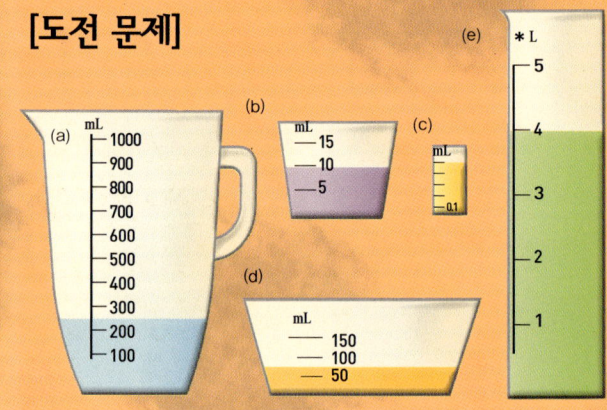

(a) 250mL (b) 10mL (c) 0.5mL (d) 75mL (e) 4L

(c)는 눈금 한 칸에 0.1이고, 5칸이므로 0.5mL입니다.
(d)에서 50mL와 100mL의 중간이므로 75mL입니다.

STAGE ③ 16-17쪽

[동물원 일지]

(1) 경로 2

구불구불한 길, 낮은 굴다리를 피해서 가면, 검정색 칸이 [경로 1]은 22칸, [경로 2]는 19칸, [경로 3]은 25칸입니다. 따라서 가장 빨리 갈 수 있는 길은 [경로 2]입니다.

(2) 11시간

검정색 한 칸에 30분이 걸리므로 [경로 2]를 지나는 데는 19칸×30분=9시간 30분이 걸립니다. 이때, 3시간마다 30분씩 휴식을 취해야 하므로 휴식 시간은 1시간 30분이 됩니다. 따라서 모두 11시간이 걸립니다.

[도전 문제]

(a) 4번

[경로 3]은 검정색 경로가 25칸이므로 시간은 12시간 30분이 걸립니다. 3시간마다 휴식을 취하므로 총 4번을 쉽니다.

[동물원 일지]

주	0	1	2	3	4	5	6	7	8	9	10	11	12
3주마다 2배가 될 때	1 마리			2 마리			4 마리			8 마리			16 마리
2주마다 2배가 될 때	1 마리		2 마리		4 마리		8 마리		16 마리		32 마리		64 마리
1주마다 2배가 될 때	1 마리	2 마리	4 마리	8 마리	16 마리	32 마리	64 마리	128 마리	256 마리	512 마리	1024 마리	2048 마리	4096 마리

[도전 문제]

560000개

배설물 1g에 알이 700개씩이므로 모두
800×700=560000(개)입니다.

[동물원 일지]

(1) 수컷 고릴라

1000g=1kg입니다. 따라서 400g은 0.4kg, 350g은
0.35kg이므로 가장 무거운 영장류는 140kg인 수컷 고
릴라입니다.

(2) 랠디원숭이

(3) 암컷과 수컷 긴팔원숭이

수컷 긴꼬리원숭이는 4kg이고, 암컷 콜로부스원숭이는
9kg이므로 이 무게 사이의 무게는 6.5kg인 긴팔원숭이
입니다.

(4) 사자원숭이

총 무게 3kg에서 상자의 무게인 2.6kg을 빼면, 0.4kg
이므로 상자 안의 영장류는 사자원숭이입니다.

[도전 문제]

거미원숭이

사자원숭이 한 마리의 무게가 0.4kg이므로 다섯 마리
의 무게는 2kg입니다. 또 암컷 콜로부스원숭이의 무게
는 9kg이므로 시소 한쪽의 무게는 11kg입니다. 따라서
몸무게가 11kg인 거미원숭이가 반대쪽에 타야 수평을
이룹니다.

(b) 오후 3시 30분

오전 9시에 출발했으므로 첫 번째 휴식 시간은 오후 12
시부터 12시 30분까지이고, 오후 12시 30분에 출발해
서 3시간을 이동했으므로 두 번째 쉬는 시간은 오후 3
시 30분입니다.

(c) 경로 1

750분은 12시간 30분입니다. [경로 2]는 총 11시간, [경
로 3]은 휴식 시간을 뺀 운행 시간만 12시간 30분이므
로 [경로 1]입니다.

[동물원 일지]

(1) $\frac{20}{100}\left(\frac{1}{5}\right)$ **또는 20%**

전체 먹이 100개 중 사료가 20개이므로 $\frac{20}{100}=\frac{1}{5}$ 입니다.

(2) 10%

전체 먹이 100개 중 양배추가 10개이므로 $\frac{10}{100}$ 을 차
지하므로 10%입니다.

(3) 30%

사과 15개, 당근 15개이므로 총 30개입니다. 사과와
당근의 양은 $\frac{30}{100}$ 을 차지하므로 30%입니다.

[도전 문제]

(a) 14개

한 층에 6개씩 4층까지 쌓을 수 있으므로 24개를 실
을 수 있습니다. 따라서 짚더미 10개가 실려 있으므
로 14개의 짚더미가 더 필요합니다.

(b) 24개

트위즐의 잠자리는 아래 그림처럼 만들 수 있습니다.
따라서 3×8=24(개) 또는 4×6=24(개)가 됩니다.

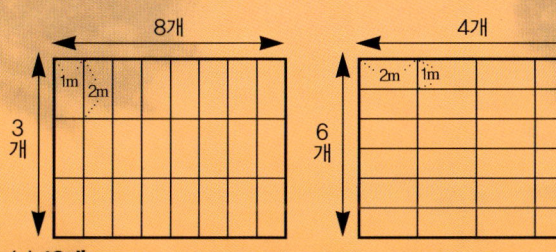

(c) 12개

짚더미 한 개를 둘로 나누면, 짚더미 12개로
12×2=24(개)의 짚더미를 만들 수 있습니다.

정답 및 해설

STAGE 7 24–25쪽

[동물원 일지]

(1) 300mL

링거액이 1kg당 10mL가 들어가야 하므로 30kg이면, 300mL가 들어가야 합니다.

(2) 5mL

링거액이 1시간에 300mL가 들어가므로
1분이면 300÷60=5(mL)를 맞게 됩니다.

(3) 100방울

1분에 들어가는 링거액은 5mL이고, 1mL에 20방울이 들어가므로 1분에는 5×20=100(방울)이 들어갑니다.

[도전 문제]

(1) (a) 얼룩말, 캥거루   (b) 코끼리, 캥거루
    (c) 사자, 늑대

(2) (d) 사자, 늑대   (e) 코끼리
    (f) 얼룩말   (g) 캥거루

(3) A 그릇(고기) : 사자, 늑대
    B 그릇(채소) : 코끼리, 캥거루
    C 그릇(짚) : 코끼리, 얼룩말

STAGE 8 26–27쪽

[동물원 일지]

(1) 284m

우리의 둘레의 길이는 100×2+42×2=284(m)입니다.

```
        100m
   ┌──────────────┐
42m│              │
   └──────────────┘
```

(2) 71개

덤불멧돼지 우리의 둘레의 길이가 284m이므로 4m짜리 판넬은 284÷4=71(개) 필요합니다.

[도전 문제]

(a) 모두 같습니다.

넓이가 같은 정사각형이 모두 8개씩 모여 있으므로 우리 안의 넓이는 모두 같습니다.

(b) D

정사각형 한 변의 길이를 1cm라고 하면, 각 도형의 둘레의 길이는 A는 14cm, B는 12cm, C는 12cm, D는 18cm입니다. 따라서 둘레의 길이가 가장 긴 우리는 D입니다.

STAGE 9 28–29쪽

[동물원 일지]

(1) 78kg

세로의 작은 눈금 한 칸의 크기가 2kg이므로 78kg입니다.

(2) 4주

2주부터 5주까지 모두 4주 동안 줄었습니다.

(3) 2kg

62kg에서 64kg로 2kg이 늘었습니다.

(4) 2kg

7주부터 68kg, 70kg, 72kg으로 2kg씩 늘어나고 있습니다.

(5) 3주

2kg씩 늘어나면, 10주 74kg, 11주 76kg, 12주 78kg이 됩니다. 따라서 정상 체중인 78kg이 되는 주는 3주 후인 12주입니다.

[도전 문제]

(1, 1), (2, 1), (2, 2), (3, 2)

좌표의 테두리는 우리의 벽이 되므로 먹이를 놓을 수 없습니다. 따라서 먹이를 놓을 수 있는 곳은 아래 붉은 점과 같습니다.

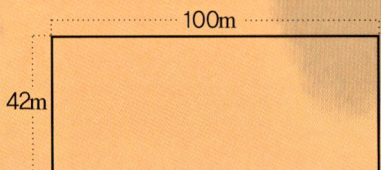

STAGE 10 30–31쪽

[동물원 일지]

(1) 15.94파운드

(2) 10펜스

1파운드짜리 2개와 20펜스짜리 동전 3개는 모두 2.60파운드이므로 거스름돈은 10펜스가 됩니다.

(3) 6.05파운드

사자 야구모자는 3.95파운드이므로, 거스름돈은 10-3.95=6.05(파운드)입니다.

(4) 8장

엽서 1장에 20펜스, 즉 0.20파운드이므로 1.60÷0.20=8(장)을 살 수 있습니다.

(5) 필통 1개와 볼펜 한 세트, 고릴라 인형과 얼룩말 인형

2

(6) 2.76파운드

20펜스짜리 2개 : 40펜스
50펜스짜리 3개 : 150펜스
10펜스짜리 5개 : 50펜스
5펜스짜리 4개 : 20펜스
2펜스짜리 8개 : 16펜스
총 모금액은 276펜스이므로 2.76파운드입니다.

[도전 문제]

(a) 3년
라마 입양비용이 1년에 1.50파운드이므로, 2년에 3.00파운드 3년에 4.50파운드가 됩니다.

(b) 1년
하마 입양비용이 1년에 2.75파운드, 2년에 5.5파운드이므로 1년만 키울 수 있습니다.

(c) 라마는 13년, 하마는 7년, 코끼리는 3년

[도전 문제]

(a) 새끼 동물 A − 회색 늑대, 새끼 동물 B − 사자
새끼 동물 C − 큰개미핥기, 새끼 동물 D − 고릴라
새끼 동물 E − 산얼룩말
한 달이 28(29)일, 30일, 31일인 달도 있지만 모두 30일로 생각하면 편리합니다.

동물	임신 기간
기린	15개월
덤불멧돼지	약 4개월
판다	약 4.5개월
꼬리여우원숭이	약 4.5개월
코끼리	22개월
고릴라	8.5개월
사자	약 3개월
쥐	21일
큰개미핥기	약 6개월
말레이시안맥	13개월
회색늑대	약 2개월 3일
산얼룩말	12개월

(b) 코끼리−기린−산얼룩말−말레시안맥−고릴라−사자− 큰개미핥기−덤불멧돼지−회색늑대−판다−꼬리여우 원숭이−쥐

STAGE ⑪ 32−33쪽

[동물원 일지]

(1) 9:00, 12:00(정오), 오후 3:00, 오후 6:00

아침 6시에 한 번 먹고 오후 9시까지 5번 먹어야 하므로 총 15시간을 5간격으로 나누면 3시간씩임을 알 수 있습니다.

(2) 6kg
$60 \times \frac{1}{10} = 6(kg)$

(3) 1kg
하루에 6번을 먹으므로 $6 \div 6 = 1(kg)$을 먹습니다.

(4) $\frac{1}{2}$kg(0.5kg 또는 500g)
한 번에 1kg을 먹어야 합니다. 그런데 반만 먹었습니다. 따라서 0.5kg을 먹은 셈입니다.

(5) $\frac{3}{4}$kg(0.75kg 또는 750g)
한 번에 먹어야 할 양이 1kg이므로 $1 \times \frac{3}{4} = \frac{3}{4}(kg)$을 먹었습니다.

34−35쪽

[마무리 도전 문제]

1. 16개
위의 자동차에서 보면, 짐을 실을 수 있는 짐칸의 크기는 가로 6m, 세로 4m, 높이 4m이므로 가로 3m, 세로 1m, 높이 2m인 짚더미는 한 층에 8개씩 2층까지 실을 수 있습니다. 따라서 모두 8×2=16(개)를 실을 수 있습니다.

2. 21개
짐칸의 크기는 가로 6m, 세로 4m, 높이 4m입니다. 사료 상자가 없다고 생각하고 짚더미를 실으면, 짚더미는 한 층에 12개씩 2층까지 실을 수 있습니다. 이 때, 사료 상자가 있는 공간에 짚더미를 3개 실을 수 있으므로 24−3=21(개)입니다.

3. 반달가슴곰 − 우리 (가), 낙타 − 우리 (다), 펭귄 − 우리 (나)

4. 펭귄, 20마리
물고기를 먹을 수 있는 동물은 반달가슴곰과 펭귄이고, 반달가슴곰이 45마리의 $\frac{5}{9}$인 25마리를 먹었으므로 남은 물고기 20마리는 펭귄이 먹을 수 있습니다.

STAGE ① 44-45쪽

[수사 수첩]

(1) 5500(파운드)

1000×3+500×5=5500(파운드)입니다.

(2) (a) 보석 상자 2   **(b) 보석 상자 1**
    (c) 보석 상자 2   **(d) 보석 상자 3**

(3) 보석 상자1 595파운드
    보석 상자2 585파운드
    보석 상자3 800파운드

(보석 상자1)은 7개의 사파이어가 들어 있었으므로
7×85=595(파운드)입니다.
(보석 상자2)는 9개의 루비가 들어 있었으므로
9×65=585(파운드)입니다.
(보석 상자3)은 8개의 다이아몬드가 들어 있었으므로
8×100=800(파운드)입니다.

[도전 문제]

12, 24, 36, 48, 72

12의 배수는 12×1=12, 12×2=24, 12×3=36,
12×4=48, 12×5=60, 12×6=72, …입니다.

STAGE ② 46-47쪽

[수사 수첩]

그림 2

×표를 보고, 서 있는 위치를 잘 살펴봐야 합니다.

[도전 문제]

(a) 핏자국과 유리 조각

(6, 2)는 유리창 밖의 정원 쪽입니다.

(b) 머리카락과 지문

금고가 있는 위치는 (5, 4)와 (5, 5)가 됩니다. 머리카락과 지문이 발견되었습니다.

(c) 탁자, 벽난로, 금고

(3, 4)는 탁자, (0, 4)는 벽난로, (5, 5)는 금고입니다.

(d) 진흙 발자국

창문 바로 안쪽의 위치는 (5, 2)이므로 진흙 발자국입니다.

(e) 탁자

(2, 4)는 탁자가 있는 위치입니다.

STAGE ③ 48-49쪽

[수사 수첩]

(1) 5분 30초

저택에서 정문까지는 1100m입니다. 따라서 200m를 1분에 뛴다면, 1100m는 5분 30초 정도 걸립니다.

(2) 8분 15초

정문에서 차고와 마구간까지는 1100+550=1650(m)입니다. 1600m는 8분에 뛰게 되고, 나머지 50m는 15초에 뛸 수 있습니다. 따라서 정문에서 마구간까지는 8분 15초가 걸립니다.

(3) 7분

여름 별장에서 온실까지는 400m이고, 온실에서 보트 창고까지는 700+300=1000(m)입니다. 따라서 여름 별장에서 보트 창고까지의 거리는 모두 1400m입니다. 그러므로 여름 별장에서 보트 창고까지 가는 데는 7분이 걸립니다.

(4) 4분 30초

뒷문에서 저택까지 1000m이므로 갈림길에서 저택까지는 600m가 됩니다. 따라서 보트 창고에서 갈림길까지 300m, 갈림길에서 저택까지 600m이므로 모두 900m가 됩니다. 따라서 보트 창고에서 저택까지는 4분 30초가 걸립니다.

(5) 1분 30초

테니스장에서 저택까지는 600m이므로 3분이 걸리고, 테니스장에서 여름 별장까지는 900m이므로 4분 30초가 걸립니다. 따라서 테니스장에서 여름 별장까지 가는 데 걸리는 시간은 테니스장에서 저택까지 걸리는 시간보다 1분 30초 더 걸립니다.

[도전 문제]

8가지

1	6	7	3	4
1	2	7	8	4
5	8	3	2	1
4	3	2	6	5

4	3	7	6	1
4	8	7	2	1
1	2	3	8	5
5	6	2	3	4

[수사 수첩]

10군데

[도전 문제]

(a) **약 30개**

눈으로 어림해 봅니다. 한눈에 알아보는 연습을 합니다.

(b) **26개**

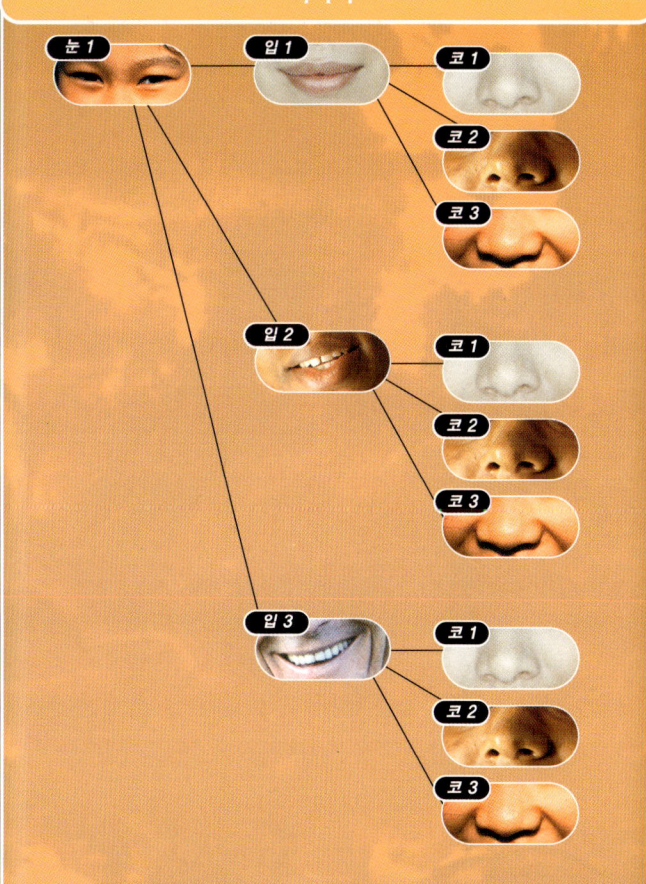

[수사 수첩]

(1) **1명**

조깅하던 남자만 안경을 쓰지 않습니다.

(2) **배달원**

(3) **비서와 운전사**

비서의 키는 $1\frac{3}{4}$m=1.75m입니다. cm로 바꾸면 175cm 이므로 운전사의 키와 같습니다.

(4) **50cm**

가장 큰 사람은 2m=200cm이고, 가장 작은 사람은 150cm입니다. 따라서 둘의 차이는 50cm입니다.

(5) **비서, 정원사, 주방장, 집사, 운동 강사, 운전사, 집수리 공**

167cm보다 키가 작은 사람을 찾습니다.

[도전 문제]

9명

다음과 같이 나타낼 수 있습니다.

[수사 수첩]

운동 강사, 주방장, 정원사, 집사, 운전사

* 오후 3:40과 오후 4:00시 사이에 범죄를 저지를 만한 시간이 있는 사람은 다음과 같습니다.
  ● 운동 강사 : 요가와 근육 운동이 끝난 시간은 오후 3시 30분입니다.
  ● 주방장 : 오후 3시 10분에 빵 굽는 일을 마쳤습니다.
  ● 정원사 : 오후 3시 36분에 일을 끝냈습니다.
  ● 집사 : 오후 3시 17분에 명단 적는 일을 마쳤습니다.
  ● 운전사 : 마을에서 돌아온 시간은 오후 3시 30분경입니다.
* 사건이 일어난 시간에 일을 하고 있었던 사람은 다음과 같습니다.
  ● 비서 : 오후 3시 30분에 집에서 나가 우체국까지 갔다 되돌아오는 데 1시간 20분이 걸리므로 4시 50분까지 일하고 있었습니다.
  ● 집수리 공 : 오후 4시 20분까지 울타리를 칠하고 있었습니다.

[도전 문제]

3시 40분

거울에 비친 시계이므로 시각은 오후 3시 40분입니다.

STAGE 7 · 56–57쪽

[수사 수첩]

집사, 운동 강사, 주방장, 정원사

집사와 정원사(28cm＝치수 9), 운동 강사와 주방장
(30cm＝치수 10)의 발자국일 가능성이 있습니다.

[도전 문제]

(a) 신발 1 : $\frac{1}{3}$, 신발 2 : $\frac{3}{4}$, 신발 3 : $\frac{1}{12}$, 신발 4 : $\frac{3}{10}$

신발 1은 36개 중에 12개가 색칠되어 있으므로 $\frac{12}{36}=\frac{1}{3}$

신발 2는 36개 중 27개가 색칠되어 있으므로 $\frac{27}{36}=\frac{3}{4}$

신발 3은 60개 중 5개가 색칠되어 있으므로 $\frac{5}{60}=\frac{1}{12}$

신발 4는 60개 중 18개가 색칠되어 있으므로 $\frac{18}{60}=\frac{3}{10}$

(b) 신발 2 : 0.75   신발 4 : 0.3

STAGE 8 · 58–59쪽

[수사 수첩]

혈액형	머리색	
	갈색인 사람	갈색이 아닌 사람
B형인 사람		
B형이 아닌 사람		

정원사, 집사

[도전 문제]

(a) 36명

고객 관리표를 나타내면 다음과 같습니다.

머리색	고객의 수
갈색	15명
검정색	4명
흰색	8명
붉은색	2명
금발	7명

(b) 28명
(c) 전체의 $\frac{1}{6}$

전체가 36명이고, 6명이 염색했으므로 전체의
$\frac{6}{36}=\frac{1}{6}$이 됩니다.

STAGE 9 · 60–61쪽

[수사 수첩]

(1)(a) 정원사
  (b) 정원사
  (c) 백만장자
  (d) 정원사
  (e) 백만장자
(2) 정원사

용의자 중 하나였던 집사의 지문은 발견되지 않았고,
나머지 지문은 금고의 주인인 백만장자의 것이므로
정원사만 남게 됩니다.

[도전 문제]

(a) 정원사

손바닥 자국의 칸을 세어 보면 완전한 사각형은 87개
있습니다. 따라서 손바닥은 정원사의 것입니다.

(b) 정원사

지금까지의 모든 증거에 정원사가 포함됩니다.

(c) 생략

자신의 손바닥을 그리고 칸을 세어 봅니다.

[수사 수첩]

암호 내용 : 온실의 남쪽이며 테니스장 북서쪽인 나무 기둥 구멍 속을 보라.

324421 : ㅇㅗㄴ → 온 이렇게 한자한자 찾아가면 됩니다.

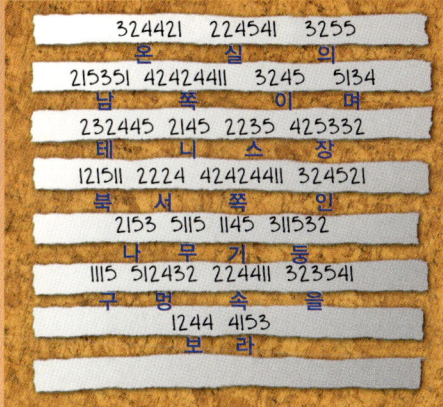

324421	224541	3255
온	실	의
215351	424244ㅣㅣ	3245	5134
남	쪽	이	며
232445	2145	2235	425332
테	니	스	장
121511	2224	424244ㅣㅣ	324521
북	서	쪽	인
2153	5115	1145	311532
나	무	기	둥
1115	512432	2224ㅣㅣ	323541
구	멍	속	을
1244	4153
보	라

[도전 문제]

69쪽을 참고합니다.

[수사 수첩]

꽃밭

지시문대로 따라 가면 꽃밭에 도착합니다.

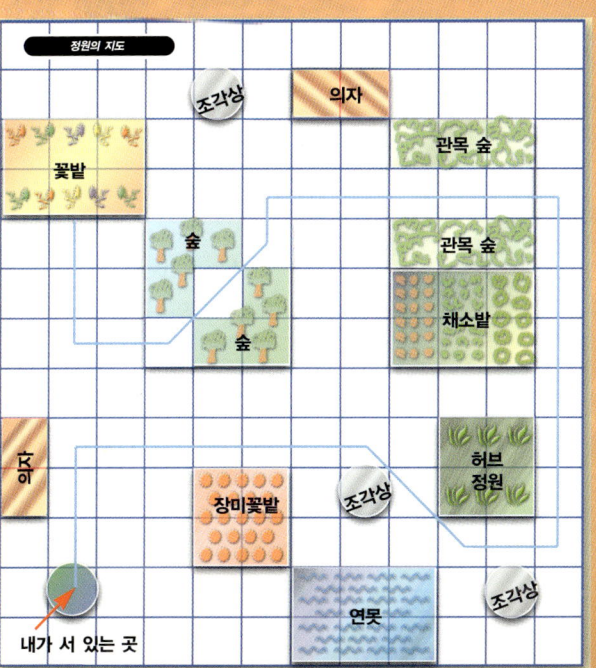

[도전 문제]

(a) 정육각형 (b) 정팔각형
(c) 직사각형 (d) 이등변삼각형

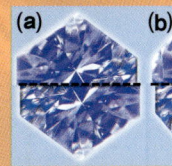 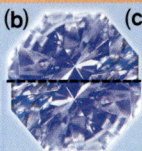 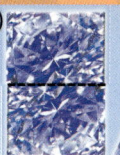 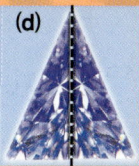

[마무리 도전 문제]

1. (1) 150 cm~160 cm

(2) 용의자 라

(3) 감시 카메라에 찍힌 사진을 보면, 범인의 키는 창문 높이의 $1\frac{1}{2}$보다 크고, $1\frac{3}{5}$보다 작습니다. 따라서 범인의 키는 150 cm보다 크고, 160 cm보다는 작을 것입니다. 또한 몸무게가 60 kg이 안 되는 사람을 찾으면 '용의자 라'입니다.

2. 67, 63, 47, 43, 21, 8, 2

〈베게 밑 쪽지〉 4씩 줄어드는 규칙입니다. 따라서 빈 칸에 들어갈 수는 **67**, **63**, 59, 55, 51, **47**, 43입니다.

〈사전 사이 힌트〉 +2, +4, +6, +8, +10, … 2부터 짝수를 차례로 디하는 규칙입니다. 따라서 빈 칸에 들어갈 수는 1, 3, 7, 13, **21**, 31, **43**입니다.

〈반지 뒤 힌트〉 6의 단 곱셈구구의 끝자리 수입니다. 따라서 빈 칸에 들어갈 숫자는 6, 2, **8**, 4, 0, 6, **2**입니다.

이때, 숫자를 큰 것부터 입력해야 하므로 비밀번호는 67, 63, 47, 43, 21, 8, 2입니다.

3. 용의자 3

용의자들의 말을 표로 만들어 표시하면 아래와 같습니다.

	A형	B형	O형	AB형
용의자 1	X	O	X	X
용의자 2	X	X	O	X
용의자 3	X	X	X	O
용의자 4	O	X	X	X

따라서 용의자 3이 범인입니다.

디스커버리 수학 1권

1판 1쇄 | 2008년 10월 27일
지은이 | 웬디 클렘슨 Wendy Clemson, 데이비드 클렘슨 David Clemson,
기슬레인 세이어스 Ghislaine Sayers, 케브 프리챠드 Kev Pritchard, 앨리슨 존스 Allison Jones
옮긴이 | 나온교육연구소

펴낸이 | 김영곤

개발실장 | 이유남
책임개발 | 탁수진
기획개발 | 신동한, 신정숙, 김수경, 탁수진, 조국향
마케팅 | 주명석, 김연주, 김보미
영업 | 최창규, 서재필, 홍경욱
디자인 | 씨디자인

펴낸곳 | ㈜ 북이십일 아울북
등록번호 | 제10-1965호

주소 | 경기도 파주시 교하읍 문발리 파주출판정보산업단지 518-3(413-756)
전화 | 031-955-2154(마케팅), 031-955-2116(영업), 031-955-2444(내용문의)
팩스 | 031-955-2177

홈페이지 | www.keystudy.co.kr

값 10,000원
ISBN 978-89-509-1589-6
세트 ISBN 978-89-509-1604-6

USING
MATHS